# 光

最強に面白い!!

# はじめに

空はなぜ，青く見えるのでしょうか。空気は，無色透明なはずです。しかも青かった空が，夕方には夕焼けの赤い空に変わります。いったい，どうしてなのでしょうか。

実は空の色は，光の「散乱」という現象がつくりだしています。散乱とは，光が微粒子などにぶつかって，四方八方に飛び散る現象です。太陽の光は，空気中の気体分子などにぶつかると，四方八方に飛び散ります。昼間は主に青色の光が上空で散乱し，夕方は主に赤色の光が上空で散乱します。そのため，空の色が青く見えたり赤く見えたりするのです。光がつくりだす不思議な現象は，ほかにもまだまだたくさんあります。

本書は，太陽の光から虹，オーロラまで，光と色のすべてがわかる決定版です。光の正体についても，できるだけやさしく紹介しました。“最強に”面白い話題をたくさんそろえましたので，どなたでも楽しく読み進めることができます。どうぞお楽しみください！

ニュートン式
超図解 最強に面白い!!

# 光

## 1. 光の折れ曲がり

### 太陽の光



### 屈折

### 分散

### 大気による屈折

## 2. 光のはねかえりと，重なりあい

### 反射

### 散乱

### 干渉



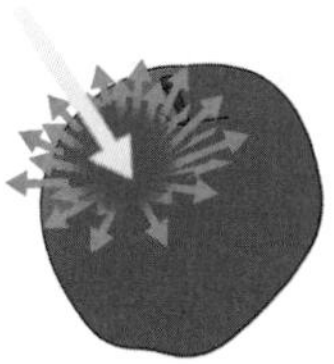

# 3. 光の三原色と，色の三原色

## 光の三原色

## 色の三原色



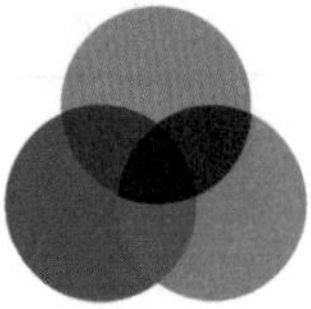

# 4. 光の正体は，電気と磁気の波！

## 光は波



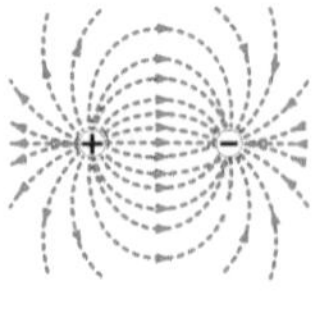

# 1. 光の折れ曲がり

光にまつわる不思議な現象は，身近なところにたくさんあります。光が，水やレンズで「屈折」する現象も，その一つです。第１章では，光の折れ曲がりについて，みていきましょう。

— 太陽の光 —

# 1 太陽の光には，虹色の光が含まれている！

## プリズムで，さまざまな光の帯があらわれる

太陽光は白く見えるので，「白色光」ともよばれます。しかし，実はさまざまな色の光の集合体です。このことは，ガラスでできた三角柱の「プリズム」とよばれる器具を使えば，よくわかります。**プリズムに太陽光を通すと，さまざまな色からなる光の帯があらわれるのです。**これは，イギリスの科学者のアイザック・ニュートン（1642～1727）が発見しました。この光の帯は，「太陽光のスペクトル」とよばれます。

## それぞれの色には，明確な境界などない

**太陽光のスペクトルは，虹と同じものです。**日本では「7色の虹」といわれるように，太陽光のスペクトルにも一方の端から，赤，橙，黄，緑，青，藍，紫の7色が見えます。ただし，この7色という数には，科学的な意味はありません。それぞれの色には，明確な境界などないのです。実際，世界には，「虹の色は6色」とする国もあるそうです。太陽光のような白色光には，むしろ「無数の色の光が含まれている」といったほうが適切でしょう。

## 太陽光のスペクトル

太陽光をプリズムに通したところをえがきました。太陽光をプリズムに通すと，太陽光のスペクトルがあらわれます。

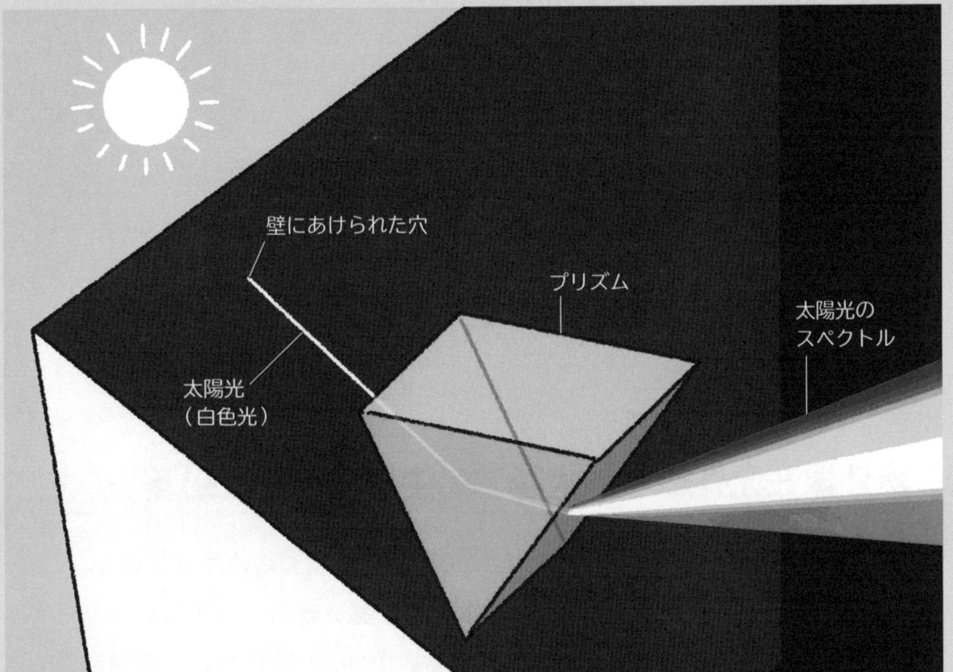


太陽の光を分解すると，
いろんな色の光が見えるカメ。

— 太陽の光 —

# 2 光には，目に見えないものもある

## 色のちがいは，光の「波長」のちがい

光は，「波」の性質をもっています。波の仲間には，水面の波，ロープを伝わる波，音波などがあります。

**太陽光のスペクトルに含まれるさまざまな色のちがいは，実は光の「波長」のちがいです。**波長とは，山（波の最も高い場所）と山の間の長さ，または谷（波の最も低い場所）と谷の間の長さのことです。色でいえば，赤，橙，黄，緑，青，藍，紫の順に，光の波長は短くなります。

## 紫外線も赤外線も，太陽光の中に含まれている

**光は目に見える「可視光線」だけではなく，多くの仲間がいます。「赤外線」や「紫外線」も，光の仲間です。**赤外線は，赤色の可視光線よりも波長が長い光（スペクトルで赤の外），紫外線は，紫色の可視光線よりも波長が短い光（スペクトルで紫の外）です。赤外線も紫外線も，人間の目に見えないだけで，太陽光の中に含まれているのです。

## 光の波長

太陽光のスペクトルの色と波長（A）と，さまざまな光の仲間と波長（B）をえがきました。Aの太陽光のスペクトルは，Bの可視光線の範囲にあります。

### A. 太陽光のスペクトルの色と波長

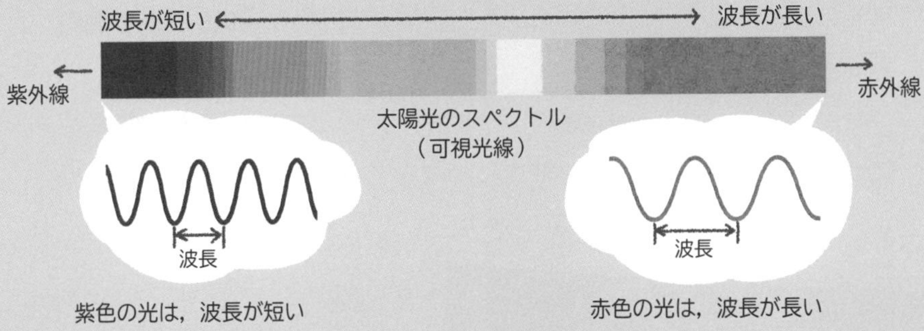


### B. さまざまな光の仲間と波長

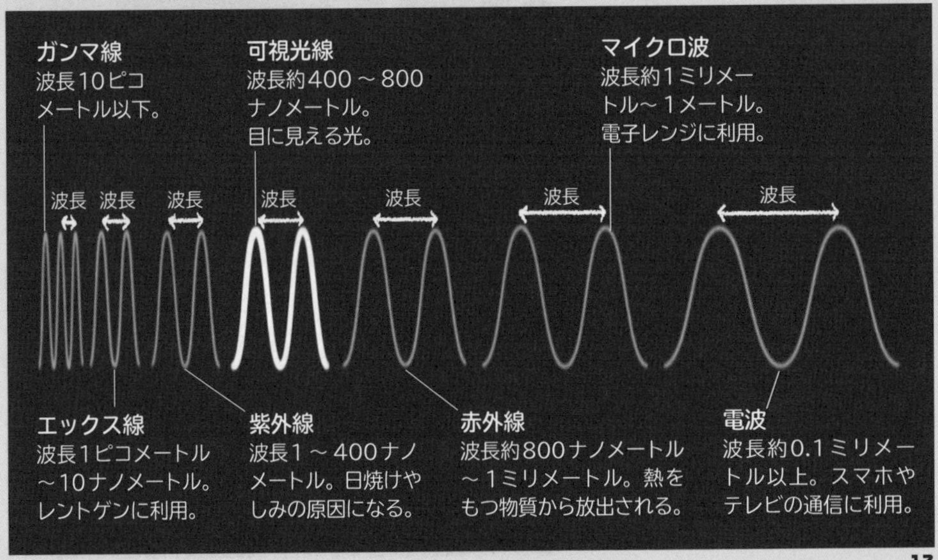

— 屈折 —

# 3 光は水に入るとき，遅くなって曲がる

## 水中では，秒速約23万キロメートルまで減速

空気中を進んでいる光が，水やガラスなどの透明な物体に入射すると，光の一部は表面で「反射」し，残りは「屈折」をおこして進路が曲がってしまいます。なぜ，光は屈折するのでしょうか。

光は，真空中では秒速約30万キロメートルで進みます。空気中ではやや遅くなるものの，減速はわずかです。一方で光は，水中で

### 光の屈折のしくみ

曲がる車輪（A）と，屈折する光（B）をえがきました。車輪と光は，同じような理由で曲がります。

A. 曲がる車輪

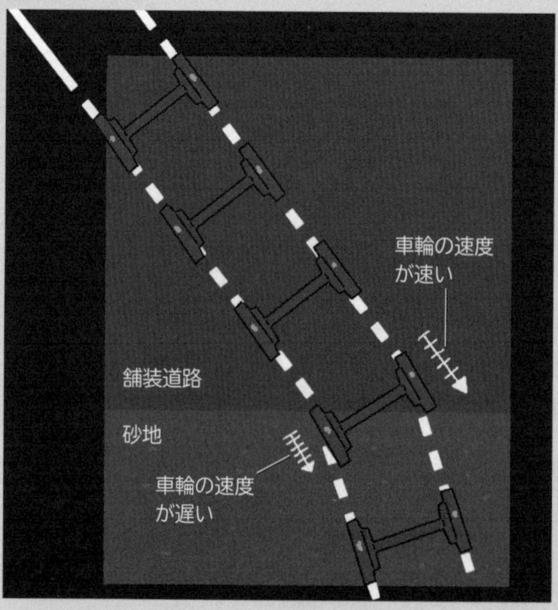

は秒速約23万キロメートル，石英ガラスの中では秒速約21万キロメートルまで減速します。この速さの変化が，屈折を生むのです。

## 光を，幅のある帯で考えてみる

棒で連結された二つの車輪が，舗装道路から砂地に斜めに入ることを考えましょう（左下のイラストA）。砂地には，向かって左側の車輪が先に入ります。すると左側の速度が落ちます。一方，右側の車輪はまだ舗装道路の上にあるので速度は落ちません。左右の車輪の速度差のために，進行方向は曲がってしまいます。今度は，光を幅のある帯で考えてみましょう（イラストB）。**車輪の例と同じような理由で，光は曲がってしまいます。これが屈折なのです。**

B. 屈折する光

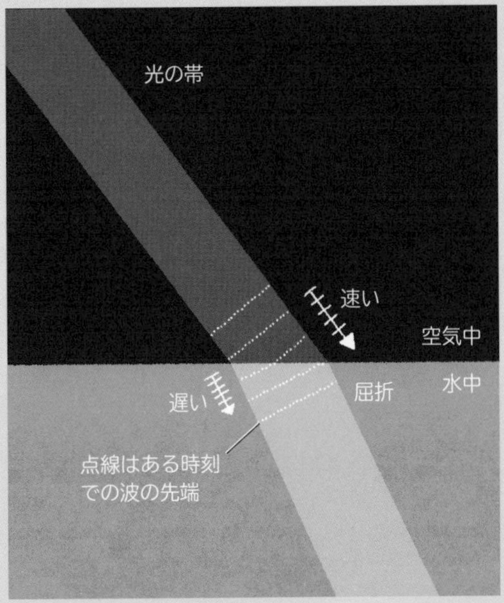

— 屈折 —

# 4 ダイヤの中だと，光は40％にまで減速

## 「屈折率」が大きいほど，光の速さは遅くなる

**光の屈折の大きさは物質によってことなり，「屈折率」であらわされます。**屈折率とは，真空とくらべたときの，「光の遅くなる程度」を示す指標です。屈折率が大きいほど，その物質中での光の速さは遅くなります。

たとえば，ダイヤモンドは屈折率が非常に大きく，ダイヤモンド

### 光の速さは物質中で遅くなる

左ページは，さまざまな物質中での光速をまとめた表です。右ページは，視覚をまどわす屈折をえがきました。

A. さまざまな物質中での光速

| 物質名 | 光速（万km/秒） | 屈折率 |
|---|---|---|
| 真空 | 30.0 | 1.00 |
| 水 | 22.5 | 1.33 |
| エタノール | 22.0 | 1.36 |
| 石英ガラス | 20.5 | 1.46 |
| 水晶 | 19.4 | 1.54 |
| サファイヤ | 17.0 | 1.77 |
| ダイヤモンド | 12.4 | 2.42 |

真空中での光速を，屈折率で割れば，その物質中の光速が求められます。表の屈折率は，波長589.3ナノメートル（ナノは10億分の1）の，橙色の光に対する値です。

の中の光速は秒速約12万キロメートルと，実に真空中の40％程度にまで減速してしまいます。

## 視覚は，「光は直進してきたはず」と認識する

屈折は，視覚をまどわせます。コップの底にコインを貼りつけ，コップの縁が邪魔してコインがぎりぎり見えない角度からのぞきながら，水を注いでみましょう。コインがコップの底とともに浮き上がり，姿をあらわします。コインからの光が，15ページの例とは逆の道をたどって屈折し，目に到達したためです。

**私たちの視覚は，「光は直進してきたはず」と認識します。そのため，「コインの虚像」の方向に，コインがあるように見えます。**

B. 視覚をまどわす屈折

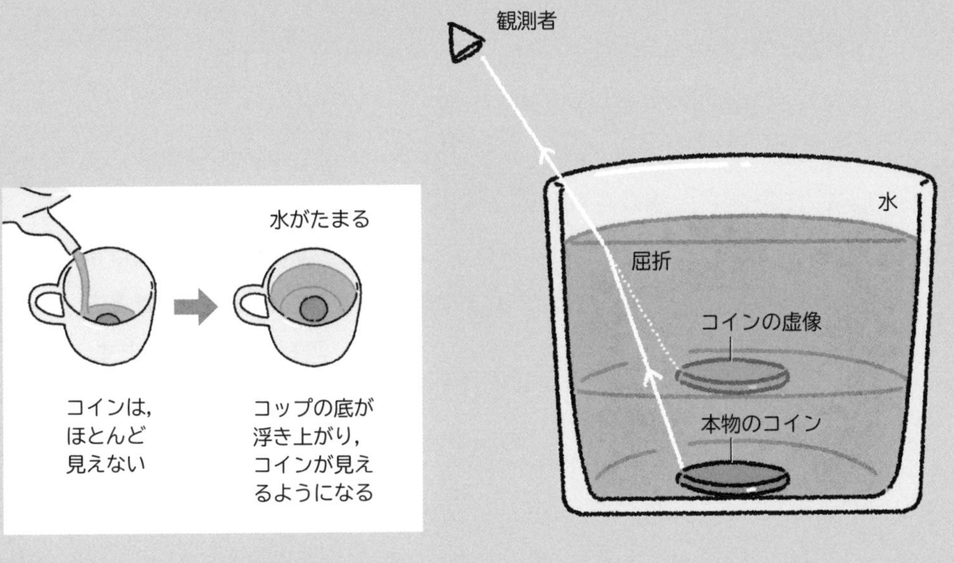

— 屈折 —

# 5 ルーペで光が屈折！大きな物と勘ちがい

## 凸レンズは，光線を小さな点に集める

**凸《とつ》レンズと凹《おう》レンズは，光の屈折を利用しています。** 凸レンズは，平行に入射する多数の光線を小さな点に集めることができます（右のイラストA）。逆に，凹レンズは，平行に入射する多数の光線を広げます（イラストB）。

では，虫眼鏡（凸レンズ）の近くに物体を置き，反対からのぞくと物体が拡大して見えるのは，なぜでしょうか？

## 光は，レンズで曲げられてから目に届く

太陽や照明の光は，物体に当たって反射されます。右のイラストCを見てください。物体の上端Aで反射された光は，広がっていき，レンズで曲げられてから目に届きます。

目に届いた光線をまっすぐ延長すると，A’でまじわります。もしA’に物体の上端が存在し，レンズもなかったら，光は点線に沿ってまっすぐ進み，目に入るでしょう。**私たちの視覚は，「光はまっすぐ進んできたはず」と認識するため，A’に物体の上端がほんとうにあるように見えます。** 物体のどの点でも，同じことがいえます。このため，凸レンズを通して見ると，物体が拡大して見えるのです。

# レンズで光が曲がって届く

凸レンズの屈折（A）と凹レンズの屈折（B），虫眼鏡で物が大きく見えるわけ（C）をえがきました。

### A. 凸レンズの屈折

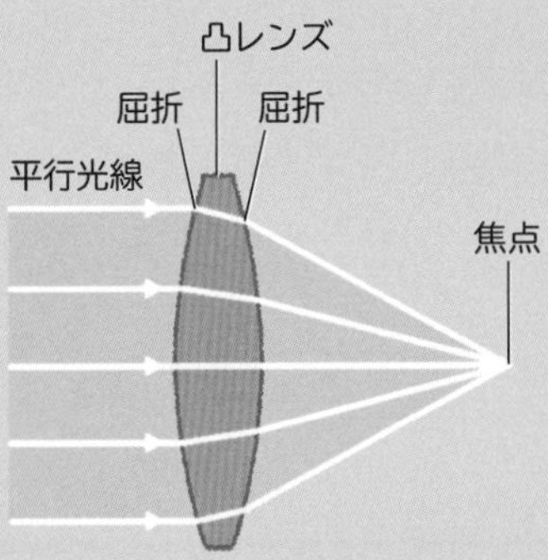


### B. 凹レンズの屈折

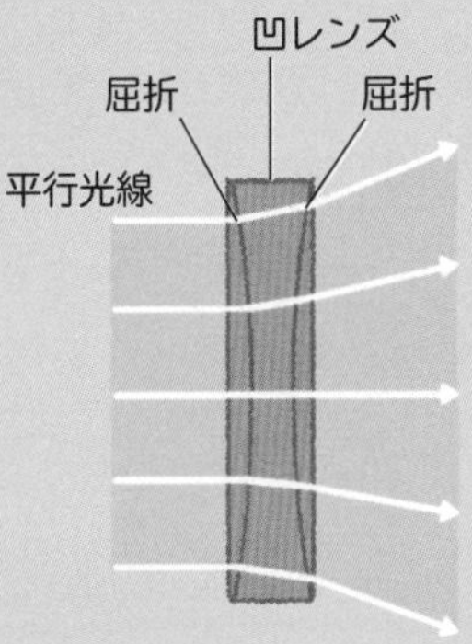


### C. 虫眼鏡で物が大きく見えるわけ

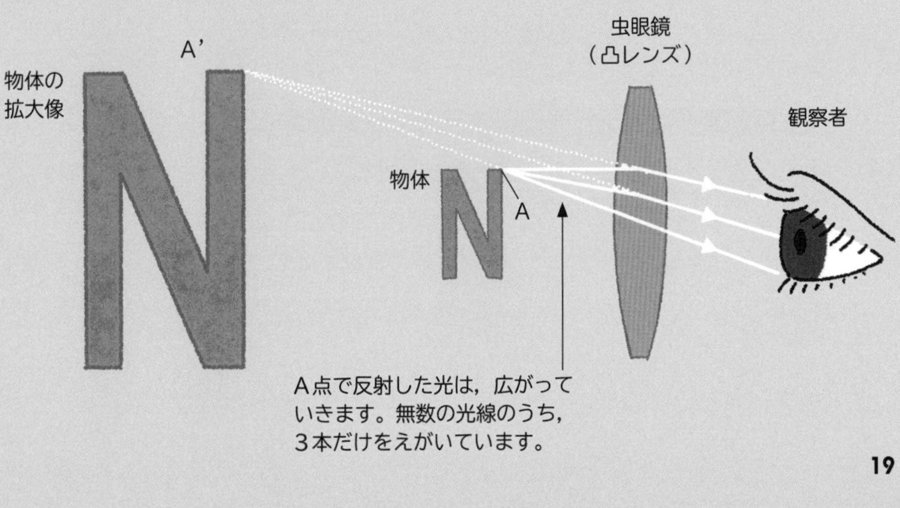

— 屈折 —

# 6 近視用の眼鏡は，光を広げて目に届ける

## 近視の人は，光を屈折させすぎる

**眼鏡も，レンズの身近な応用例です。**

近視の人は，遠くを見るときに，目の「網膜」の手前で焦点が結ばれてしまいます。目の「角膜」や「水晶体」が，光を屈折させすぎることが，原因の一つです。角膜は，目の表面で光を屈折させるフィルターの役割を果たし，水晶体は厚さを変えてピントの調整を行うレンズの役割を果たします。近視の原因は，ほかにも，角膜から網膜までの距離が長すぎることなどがあります。

## 遠視の人は，光の屈折が足りていない

**近視用の眼鏡には，凹レンズが使われます。**凹レンズでいったん光を広げると，網膜に焦点が結ばれるようになります。

一方，遠視の人は，網膜よりうしろで焦点が結ばれてしまいます。角膜や水晶体による光の屈折が，足りていないからです。**そこで，遠視用の眼鏡には，凸レンズが使われます。**凸レンズで少し光をせばめて，足りない分の屈折を補うのです。

## 近視も遠視もレンズで調整

近視の人の焦点（A）と近視用の凹レンズの眼鏡（B），遠視の人の焦点（C）と遠視用の凸レンズの眼鏡（D）をえがきました。眼鏡のレンズで光の屈折を調節すると，網膜上で焦点が結ばれるようになります。

A. 近視の人の焦点

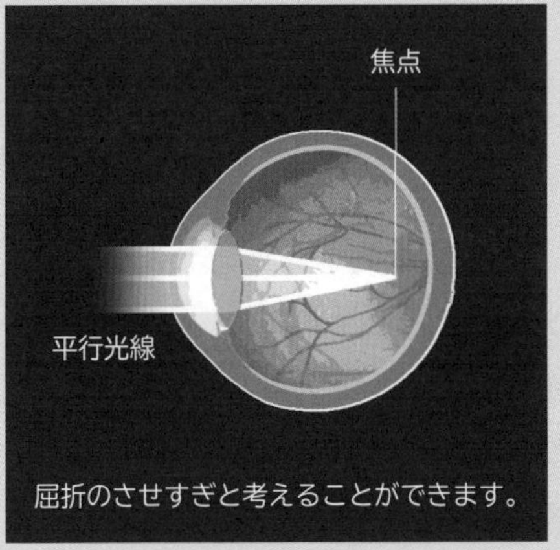


B. 近視用の凹レンズの眼鏡

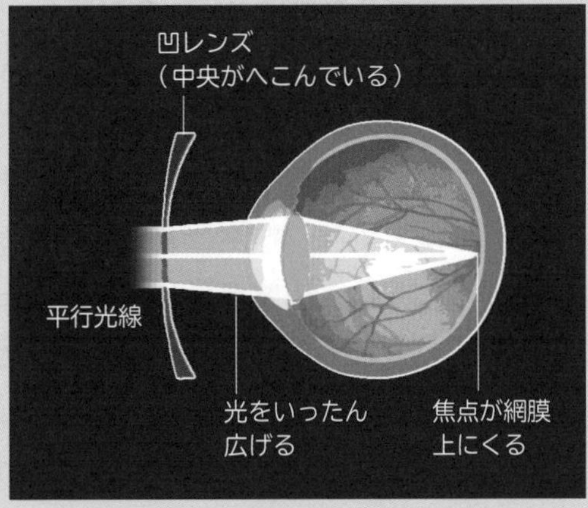


C. 遠視の人の焦点

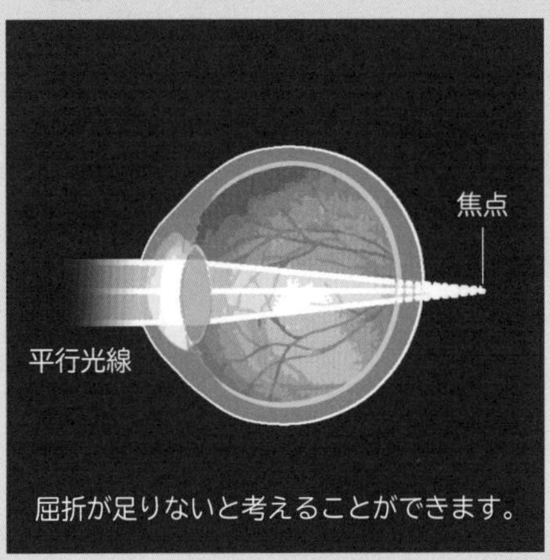


D. 遠視用の凸レンズの眼鏡

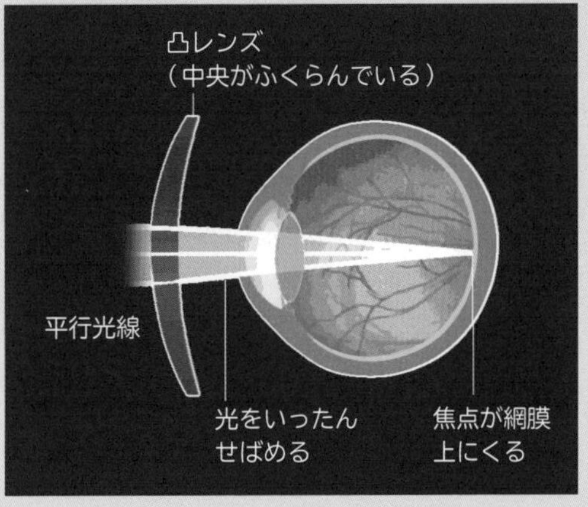

# 稲光はなぜ直進しないのか

まるで空がひび割れたように，爆音を立てながら空を一瞬でかけぬける稲光。**どうして稲光は，まっすぐではなくジグザグに進むのでしょうか。**

稲光は，雷雲内の水分子どうしの摩擦で生まれたマイナスの電荷が放電され，プラスの電荷をもつ地面に向かっていく現象です。空気は絶縁体のため，本来は電気を通しません。しかし，数億ボルトもの電圧がかかることで，空気中を電流が流れることができます。**その際に稲光は，湿気の多いところや原子や分子の多いところなどの，比較的電気の通りやすい，より抵抗が少ない道を通ります。**そのため，稲光はジグザグに進むのです。

**稲光の色は，稲光との距離などによって変わります。**青系の色は散り散りになりやすいため，近くでしか確認できず，遠くにはなれるほど赤系の色になります。音だけでなく色も，稲光と自分がはなれているかどうかの目安になるのです。

— 分散 —

# 7 色がちがう光は，ガラス中での速さもちがう

## 波長の短い光ほど，減速が大きい

14～17ページで見たように，水やガラスなどの透明な物の中では，光の進む速度が真空中にくらべて遅くなります。**実はこの減速のしかたは，光の色（波長）によってわずかにことなります。**太陽光のスペクトルの「赤，橙，黄，緑，青，藍，紫」でいえば，赤色の光の減速が最も小さく，順に減速が大きくなり，紫色の光で減速は最大になります。つまり，波長の短い光ほど，減速が大きいのです。

## 紫色の光の帯は，曲がり方がやや大きくなる

**14～17ページと同じように考えれば，赤色の光の帯は，左右の速度差が比較的小さいので，水やガラスに入射したときの曲がり方はやや小さくなります。一方で紫色の光の帯は，曲がり方がやや大きくなります。**

プリズムは，色によって屈折の大きさがことなることを利用して，白色光を虹色の帯に分解します。入射した光が，屈折の大きさのちがいで別々に分離されることを，光の「分散」といいます。プリズムは，2回の屈折で，光の色による屈折の大きさのちがいをきわだたせているのです。

## 色でことなる光の速度

光の色とガラス中の速度（A），光の色と屈折の大きさのちがい（B）をえがきました。ガラス中では，光の色によって，光速がことなります。このため，光の色によって，屈折の大きさもことなります。

A. 光の色とガラス中の速度

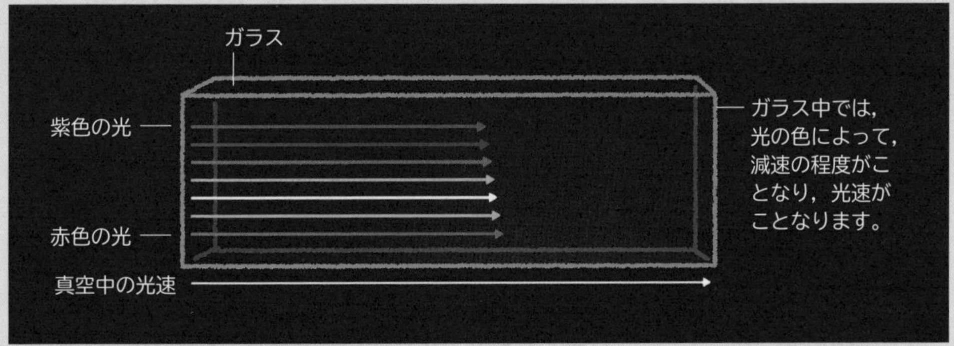


B. 光の色と屈折の大きさのちがい

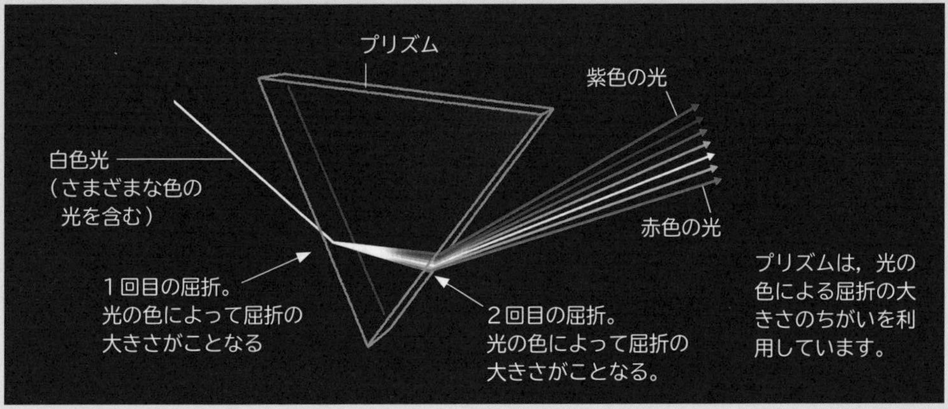

— 分散 —

# 8 凸レンズで，光を完全に1点に集めるのはムリ

## 赤色の光は，やや遠くで焦点を結ぶ

レンズを精密な光学機器で使う場合も，屈折の大きさが光の色によってちがうことを，考慮に入れる必要があります。凸レンズで光を小さな点に集めることができるのはよく知られています。**しかし，実は凸レンズを通った光は，完全に1点には集まりません。その大きな原因が，光の色による屈折率のちがいです。**赤色の光は屈折が小さいのでやや遠くで焦点を結び，紫色の光は屈折が大きいのでやや近くで焦点を結ぶのです。これを，「色収差」といいます。

## 反射鏡を使えば，そもそも色収差は発生しない

個人用の望遠鏡としては，凸レンズで光を集める「屈折望遠鏡」が，今でも使われています。しかし天文学では，大型の凸レンズの製作が非常に困難であるため，凹面の反射鏡を使って光を集める「反射望遠鏡」が主役になっています。遠くの天体からの光を一つの凸レンズで集めようとすると，色収差によって，天体の像は少しぼやけてしまいます。**しかし反射鏡を使えば，色収差は発生しません。これは，反射望遠鏡の利点の一つです。**

## 凸レンズでは像がぼやける

凸レンズの屈折（A）と，大型望遠鏡の凹面鏡の反射（B），すばる望遠鏡（C）をえがきました。大型望遠鏡は，凸レンズではなく凹面鏡を使うことで，色収差の問題を解決しています。

A. 凸レンズの屈折（色収差）

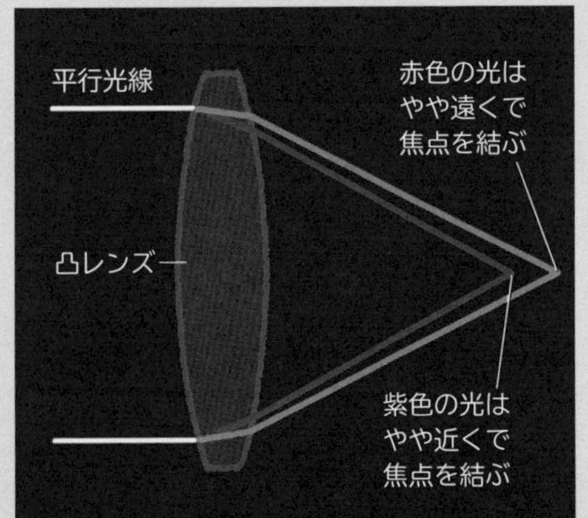


光の色（波長）によって屈折の大きさがちがうため，完全には1点に集まりません。

B. 大型望遠鏡の凹面鏡の反射

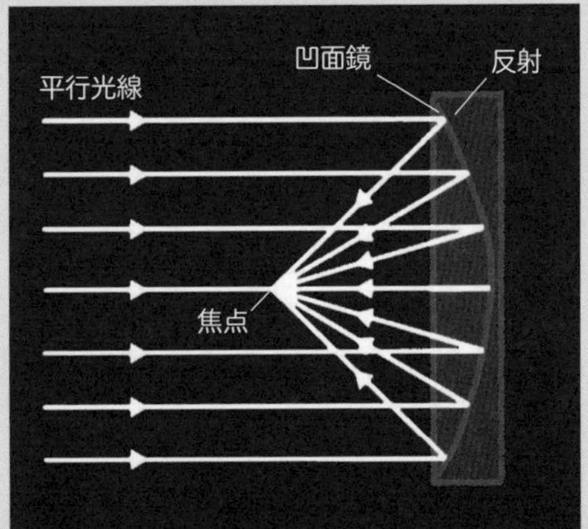


屈折ではなく，反射を利用しているので，色収差はありません。

C. すばる望遠鏡

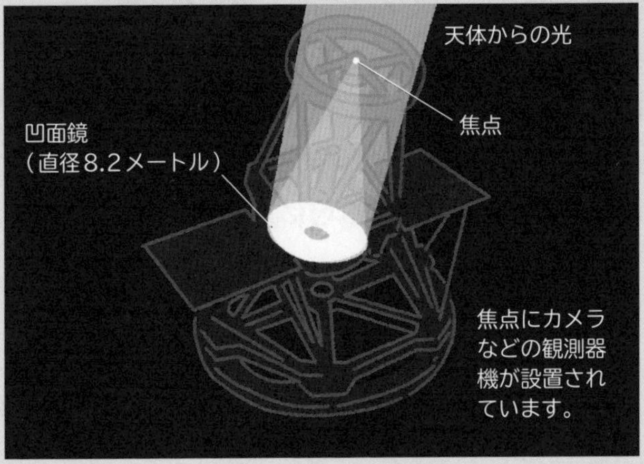

— 分散 —

# 9 雨上がりの虹！空中の水滴がプリズム

## ２回の屈折で，虹色に分解される

プリズムと同じように，太陽光を無数の色の光に分解する自然現象が，「虹」です。**虹は，空中の無数の水滴が，プリズムの役割を果たして生じる現象です。**

水滴に入射した光は，一部は反射するものの，一部は水滴の内部に屈折しながら入っていきます。そして，光は水滴の内部で反射して，ふたたび屈折して外へ出ていきます。光の色によって屈折の大きさがことなるため，2回の屈折によって，白色光が虹色に分解されるのです。

## 各色の光が，ことなる高さの水滴から目に届く

赤色の光は，太陽光のさす方向から約42度の方向に，最も強く出てきます。一方，紫色の光は，約40度の方向に，最も強く出てきます。ある水滴から赤色の光が目に届いたとすると，同じ水滴からの紫色の光は少し上にずれて届くので，目には入りません。目に届く紫色の光は，もう少し下からの水滴になります。**このように，それぞれの色の光が，ことなる高さの水滴から目に届くので，虹が見えるのです。**

## 水滴が虹をつくる

大気中の水滴が，虹をつくるようすをえがきました。水滴に入った太陽光のうち，赤色の光は約42度の方向に，紫色の光や約40度の方向に，最も強く出てきます。

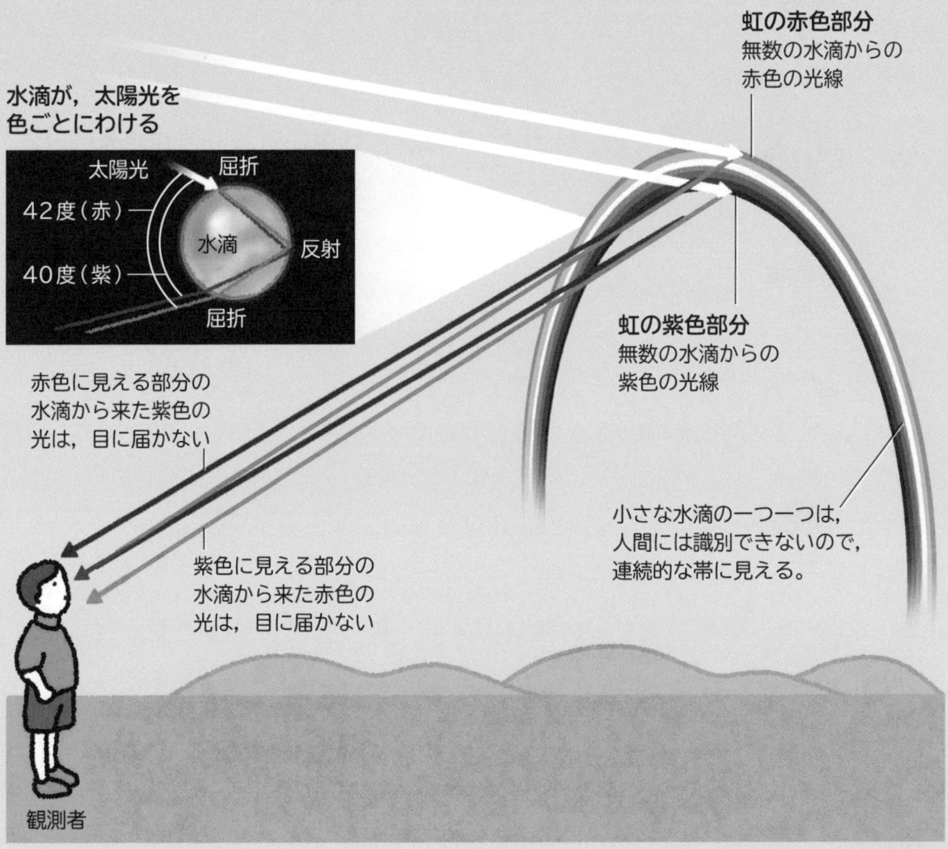


大気中の水滴が，太陽光を虹色に分解するカメ。

博士！
教えて!!

# 光化学スモッグって何？

博士，光化学スモッグって何ですか？　体育の授業が，中止になってしまいました。

光化学スモッグというのは，大気中に有毒物質がたまって，白いモヤがかかった状態のことじゃ。

有毒物質!?

うむ。目がチカチカしたり，目やのどが痛んだり，息苦しさや吐き気を感じたりするんじゃ。

こわい！　なんで光化学スモッグがおきるんですか？

車や工場などの排気ガスに，夏の強い日差しに含まれる紫外線が当たると，化学変化がおきて有毒化するんじゃ。風がない日は，とくにおきやすくなる。ただ最近は，排気ガスをきれいにする技術が進歩して，光化学スモッグは昔ほどおきなくなったようじゃの。

へぇ〜。技術がもっと進歩するといいですね。

― 大気による屈折 ―

# 10 逃げ水は，空気で屈折した光

## 気体分子の密度が大きいほど，光は遅くなる

夏の暑い日に，アスファルト舗装の道路の先に，水のようなものが見えたり，遠くの景色が映って見えたりしたことがないでしょうか。これは「逃げ水」とよばれる現象です。

空気中では，空気中の気体分子（窒素や酸素などの分子）が，光に影響をおよぼして，光の速度を遅くします。そのため，気体分子

### 逃げ水

逃げ水がおきるしくみをえがきました。逃げ水は，空や周囲の景色からの光が，地面付近で曲がって目に届く現象です。

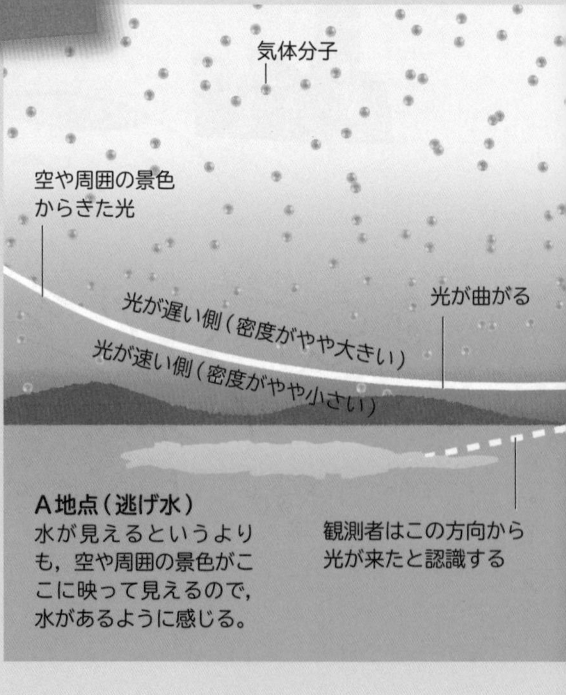

の密度が大きいほど，光は遅くなります。

## 光が，地面付近で曲げられて，目に届く

暑い日の空気は，地面に熱せられて，地面に近いほど高温になります。また，高温になった空気は膨張して，地面に近いほど気体分子の密度が小さくなります。そのため，光を幅のある帯で考えると，光は地面に近い側の方が速く進みます。そして光は，連続的に変化する気体分子の密度にしたがって，なめらかに曲がります。これが，逃げ水がおきる原因です。**空や周囲の景色からきた光は，地面付近で曲げられて，私たちの目に届きます。**これが私たちには，地面に水などの，何か光を反射するものがあるように見えるのです。

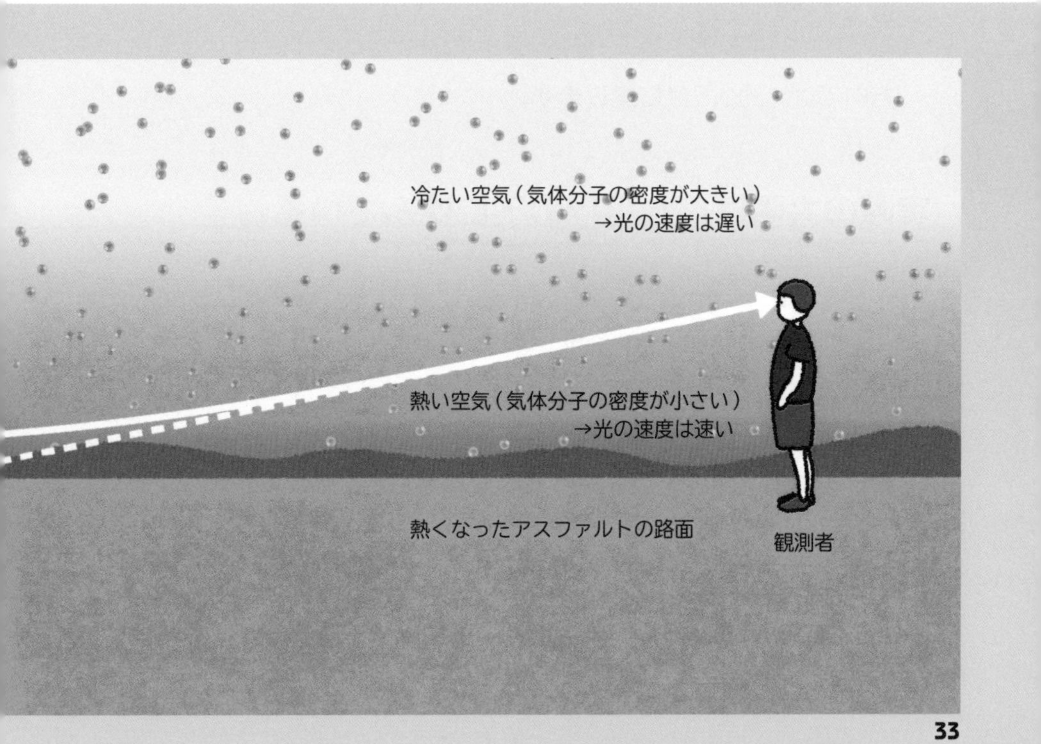

— 大気による屈折 —

# 11 夜空の星の光は，空気中でカーブする

## 星は，見えている方向には存在していない

一般に大気は上空にいくほど薄くなります。そして，上空ほど空気分子の密度が小さいので，光は速く進みます。**その結果，夜空の星からの光は，わずかに曲がって私たちの目に届きます。**私たちが見る星は，実際にはその方向に存在していないのです。

実際に星が存在する方向と，星が見える方向の角度の差は，「大気差」とよばれます。真上の夜空（天頂の方向）では大気差はなく，地平線に近づくにつれて，大気差は大きくなります。地平線から40度上を見上げると，大気差は約0.017度です。一方，地平線の方向では，約0.5度に達します。

## 実際の太陽は，水平線の下に沈んでいる

**光が曲がって目に届くのは，夜空の星だけではありません。太陽や月でも，同じことがいえます。**地平線に沈む太陽を考えましょう。このとき，大気差は約0.5度です。0.5度といえば，太陽の見かけの大きさ（上端と下端の角度の差）とほぼ同じです。つまり，水平線に太陽の下端がさしかかったのを見るとき，実際の太陽は水平線の下に沈んでしまっているのです。

## 星の光は屈折して届く

地球の大気は，上空にいくほど密度が低くなります。星の光を幅のある帯で考えると，光は宇宙に近い側の方が速く進みます。そのため，星の光はわずかに曲がって地上に届きます。

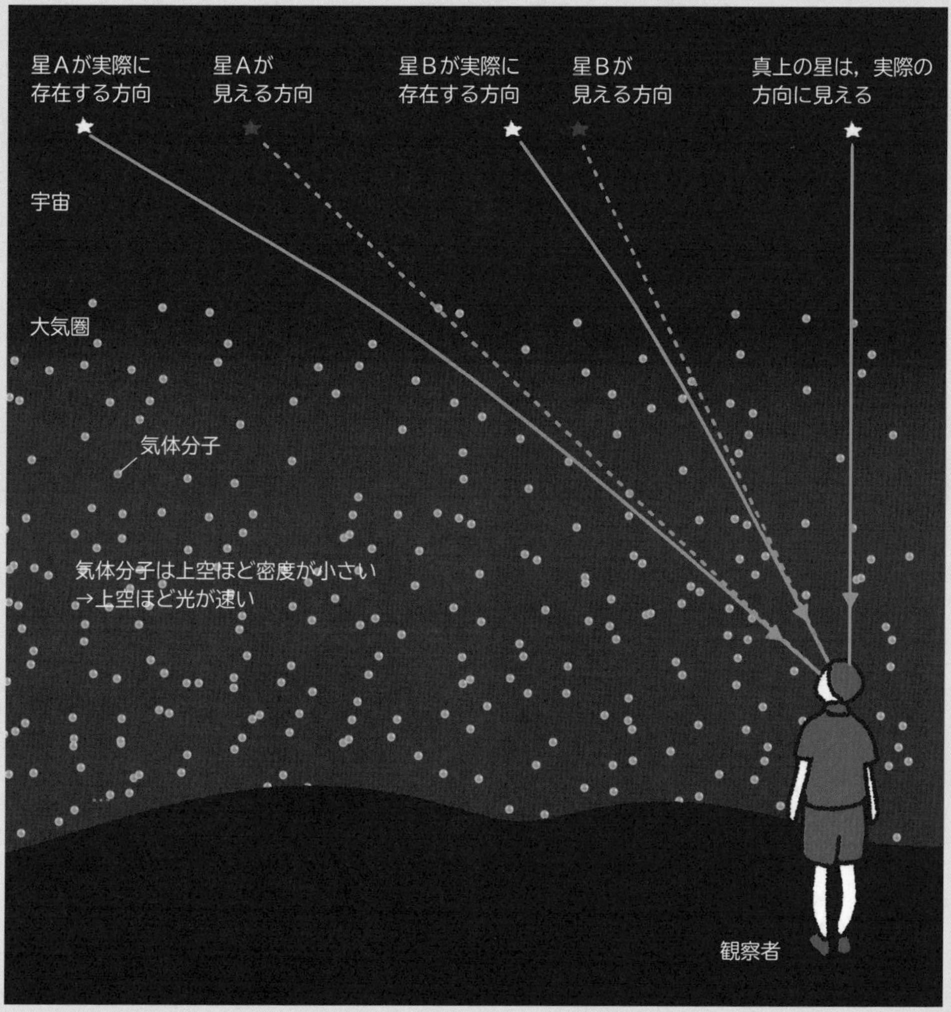


注：イラストでは，光の曲がり方を誇張してえがいています。

## 「スネルの法則」だれが発見？

## 法律よりも数学大好き！

三角測量法や
円周率の計算でも
知られるスネルは
1580年に
オランダのライデンで
生まれる
ライデン大学の
数学教授だった
父ルドルフの影響で
数学が大好きに
しかし、ルドルフは
スネルに法律を
学んでほしかった
ルドルフの思いとは
裏腹に
スネルの数学への
情熱は止まらず
彼はライデン大学で
法律を専攻するも
数学と天文学に没頭
結局法学はあきらめ
1613年には
ライデン大学で
ルドルフの後をつぎ
正式に教授となる
それによって
研究や執筆に
専念できるようになり
様々な成果が生まれた

# 2. 光のはねかえりと，重なりあい

ダイヤモンドは，なぜあんなにキラキラしているのでしょうか。シャボン玉は，なぜ虹色なのでしょうか。光の性質を知れば，すぐにわかります。第2章では，光のはねかえりと重なりあいについて，みていきましょう。

— 反射 —

# 1 鏡は忠実。法則どおりに光を反射する

## 裏面の金属は，なめらかで凹凸がない

鏡とは，ガラス板の裏面に，アルミニウムや銀などの金属がメッキされたものです。この裏面の金属は，非常になめらかで凹凸がなく，光をきれいに反射するので，鏡には像が映るのです（右のイラストA）。鏡には赤いものは赤く，青いものは青く映ります。これは，鏡がどんな色の光でも，反射することを意味します。

## 自分の顔で反射された光を見ている

鏡は，「反射の法則」を満たします（イラストB）。反射の法則とは，入射角と反射角とが，等しくなることをいいます。鏡の前に立って，自分の顔を見ることを考えましょう。照明からの光が，額やあごなどの顔の各部で反射し，その光が鏡でさらに反射して，目の中に飛びこんできます。私たちは，自分の顔で反射された光を見ているのです。

私たちの視覚は，「光は直進してきたはず」と認識します。たとえば，イラストCで額から出て目に入った光を，目とA点を結んだ延長線上から来た，と認識します。顔のあらゆる場所からの光で同じことがいえるので，鏡面と対称な位置に自分の顔があるように見えるのです。

## 鏡のしくみ

鏡の構造（A）と反射の法則（B），鏡で自分の顔を見るとき（C）をえがきました。

### A. 鏡の構造

鏡は，あらゆる光の色を反射します。

### B. 鏡の反射の法則

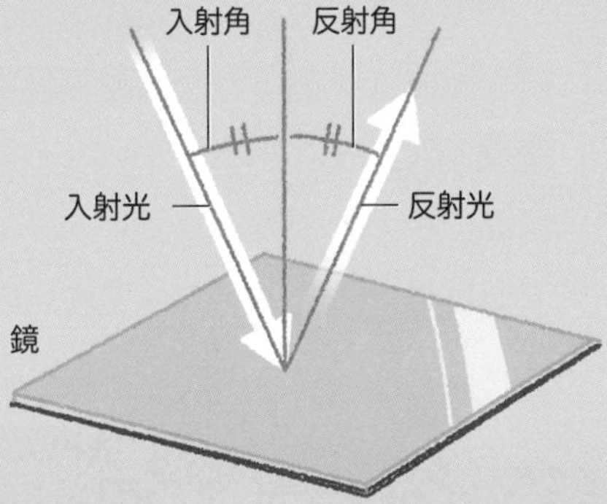


入射角と反射角は，等しくなります。

### C. 鏡で自分の顔を見るとき

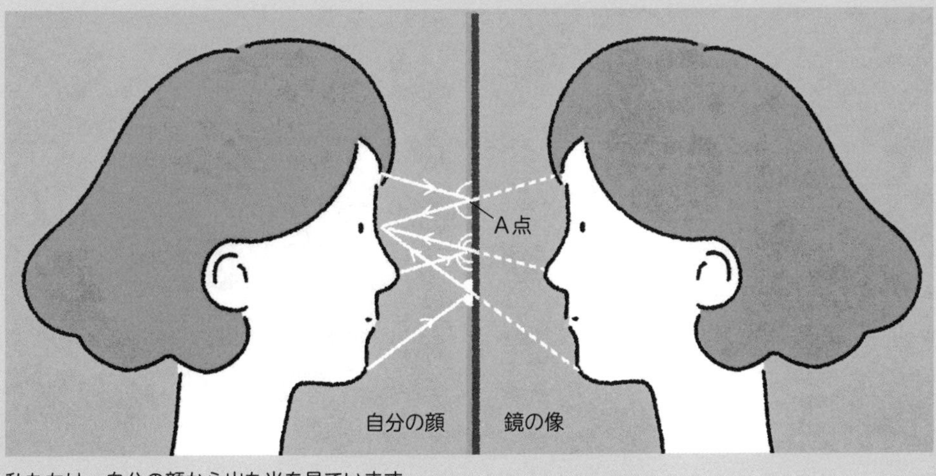


私たちは，自分の顔から出た光を見ています。

— 反射 —

# 2 物は，光を四方八方に反射している

## 白い物は，どんな色の光でも反射する

**リンゴが赤く見えるのは，太陽や照明からの光（白色光）がリンゴの表面に当たって，赤色の光だけが反射されて私たちの目に届くからです。**白い紙はどうでしょうか。私たちが白いと感じる光には，無数の色の光が含まれています。つまり，白い物は，どんな色の光でも反射するので，白く見えるのです。

### リンゴと紙の乱反射

赤いリンゴの乱反射（A）と，白い紙の乱反射（B）をえがきました。どちらも乱反射しているため，目で見ることができます。

A. 赤いリンゴの乱反射

赤いリンゴは，赤色以外の光を吸収して，赤色の光を乱反射します。

## 目に見えるのは，物体が光を乱反射しているから

では，白い物と鏡のちがいは，何でしょうか。**紙の表面は，なめらかに見えても，凹凸があります。その凹凸に光が当たると，光は四方八方に反射されます。**このような反射を,「乱反射」といいます。鏡のように反射の法則（入射角＝反射角）を満たさないので，白い物の表面には，顔が映らないのです。

リンゴの赤に見える部分も，白色光のうち，赤色の光を乱反射させています。一般に，目に見える物体は，ほとんどが光の一部を乱反射しています。私たちが視覚にたよって生きていけるのも，物体が光を乱反射しているからなのです。

B. 白い紙の乱反射

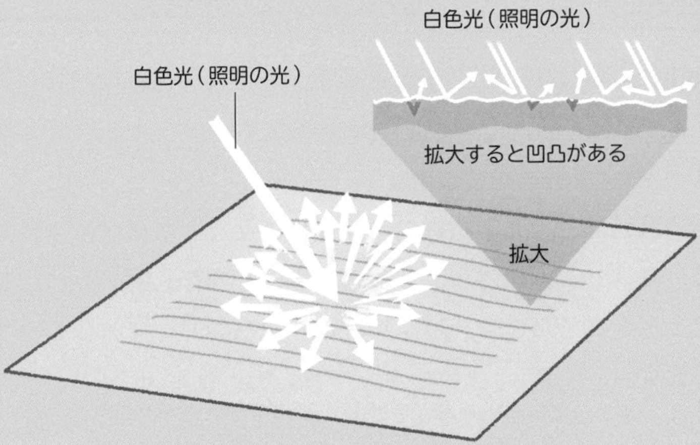


白い紙は，あらゆる色の光を
乱反射します。

— 反射 —

# 3 水もガラスも鏡になる！角度しだいで

## 入射した光が，100％すべて反射

水を，鏡に変えてしまう方法を紹介しましょう。水の中に光源（防水性の懐中電灯など）を置くと，一部の光は屈折しながら水面を透過し，残りの光は反射されて水の中にもどります。**透過光と反射光の割合は，光が入射する角度（入射角）によってかわります。**

入射角が48度に達すると，透過光の進むはずの方向は，水面と一致します。入射した光は，100％すべて反射することになります。水が，鏡になるのです。これが「全反射」です。全反射がおきはじめる角度は，「臨界角」とよばれます。水の臨界角は，48度です。

## プリズムは，鏡として使われることもある

**臨界角は，物質によってことなります。ガラスの臨界角は，材質によってことなるものの，43度程度です。**それよりも大きな角度で入射すると，全反射をおこします。プリズムは，全反射を利用して，鏡として双眼鏡などの光学器機の中で使われることもあります。ガラスでできたプリズムに対して，面に垂直に光線を入射すると，底の面で全反射をおこします。透過する光がないので，鏡として利用できるのです。

## 水とガラスの全反射

水面でおきる透過と反射（A）と，ガラスのプリズムの全反射（B）をえがきました。水の内部では入射角が48度から90度のときに，ガラスの内部では入射角が43度から90度のときに，全反射がおきます。

### A. 水面でおきる透過と反射

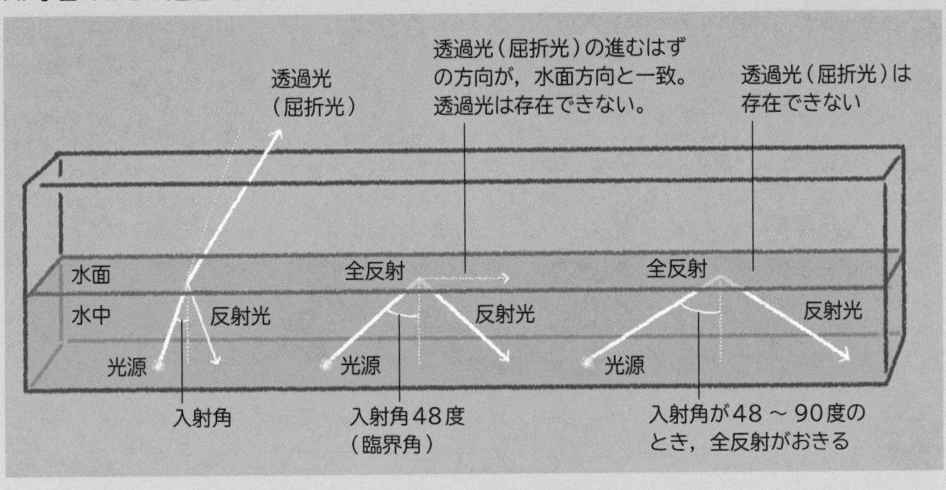


### B. ガラスのプリズムの全反射

ガラスの内部では，入射角が43～90度のとき，全反射がおきます。プリズムの上面と下面は，直角二等辺三角形です。

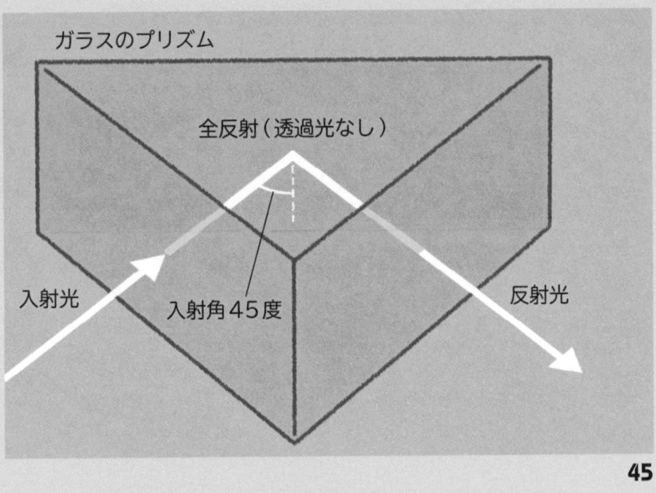

— 反射 —

# 4 ダイヤは，すべての光を反射してキラキラ

## ダイヤモンドは，極端に臨界角が小さい

全反射を利用している例としては，宝飾用のダイヤモンドがあげられます。

ダイヤモンドは，極端に臨界角が小さく，約25度です。**ダイヤモンドの内部では，小さな角度でも，全反射がおきるのです。**

## ブリリアントカットは，多くの光を全反射

宝飾用のダイヤモンドには，「ブリリアントカット」とよばれる，独特な形に研磨されたものがあります。ブリリアントカットのダイヤモンドの上面に入射した光は，内部に入ると底の面で全反射をおこして，ふたたび外に出てきます。底の面を透過して逃げる光が少ないので，反射光でキラキラと明るく輝きます。**ブリリアントカットは，多くの光を底の面で全反射させるようにくふうされたカットなのです。**

また，ダイヤモンドは，プリズムと同じように，白色光を光の色ごとに分散させます。このためダイヤモンドは，さまざまな色にきらめいて見えるのです。

## ダイヤモンドの全反射

明るくさまざまな色に輝くダイヤモンド（A）と，ブリリアントカットのダイヤモンドの模式図（B）をえがきました。ダイヤモンドが明るく美しく輝く理由は，小さな入射角でも全反射をおこし，白色光を色ごとに分解するからです。

A. 明るくさまざまな色に輝くダイヤモンド

ダイヤモンドの内部では，入射角が25～90度のときに，全反射がおきます。

B. ブリリアントカットのダイヤモンドの模式図

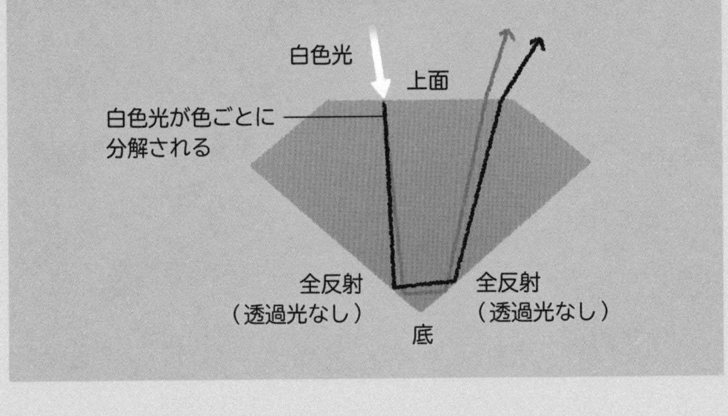

— 散乱 —

# 5 青空の青は，空気で飛び散った青色の光

## 微小な粒子にぶつかると，光は飛び散る

木もれ日や雲の間からさす，「光の筋」を見たことがある人も多いと思います。しかしこの場合に見えているのは，光の道筋にそって存在する，ちりや微小な水滴などです。**不規則に分布する微小な粒子に光がぶつかると，光は四方八方に飛び散ります。**この現象は，「散乱」とよばれています。もし散乱をおこすちりなどがなければ，光が目の前を通りすぎようと，私たちには見えません。

## 空気中の気体分子が，太陽光をわずかに散乱

**光の散乱は，身近な風景をつくりだしています。それは青空です。**空気は無色透明なのに，なぜ空は青いのでしょうか。

実は，空気中の気体分子は，太陽からの光をわずかに散乱させています。気体分子による散乱は，光の波長が短いほどおきやすいことが知られています。つまり太陽光のうち，青色や紫色の光が，散乱されやすいのです。その結果，空のどの方向を見ても，青色や紫色の光が目に届きます。そして私たちの目は紫色よりも青色の光に感度が高いので，空は青く見えるのです。

## 空が青く見える理由

空が青く見える理由をえがきました。太陽光のうち，青色や紫色の光が気体分子にぶつかって，散乱します。

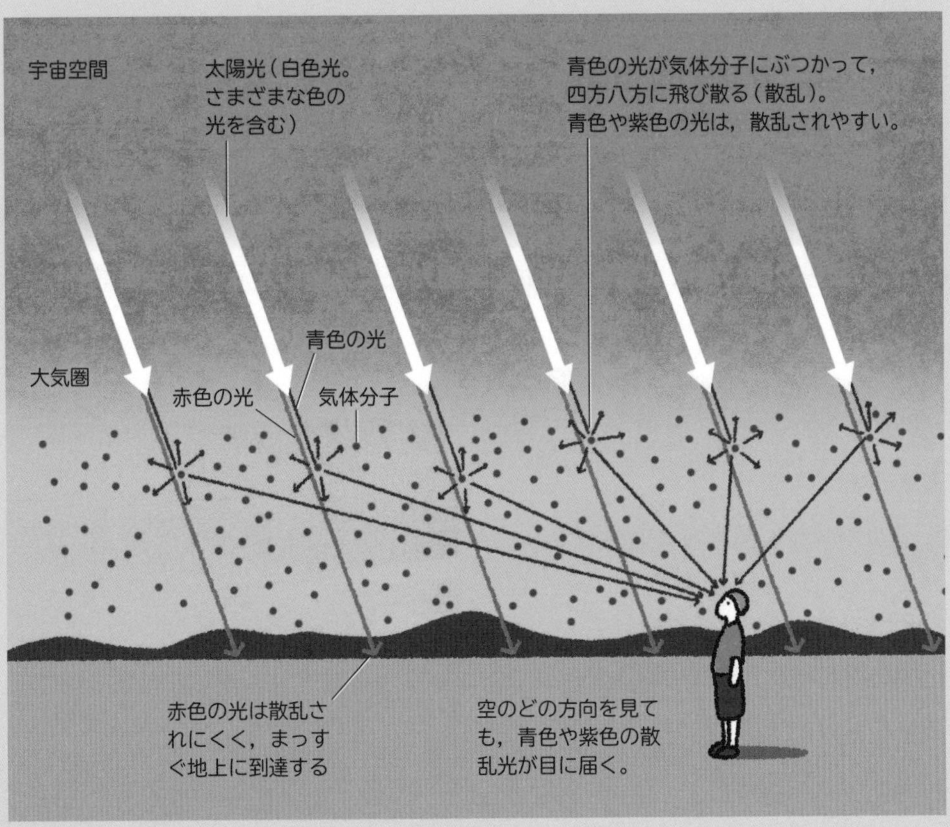


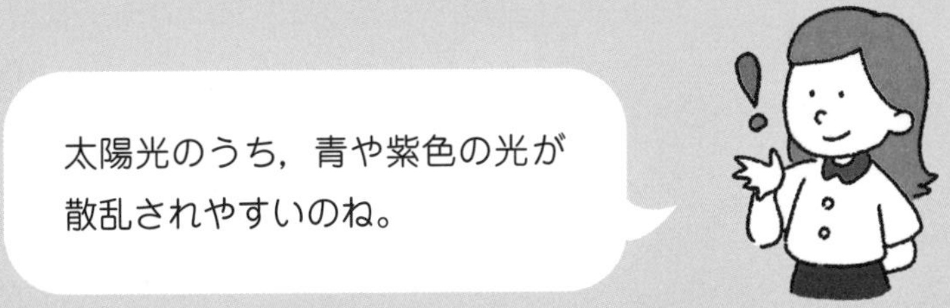

— 散乱 —

# 6 夕焼けの赤は，長い距離を進む赤色の光

## 青色や紫色の光は，遠くで散乱されてしまう

では，なぜ夕方の空は赤いのでしょうか。夕方になると，太陽は地平線近くまで沈みます。太陽光が私たちの目に届くためには，大気の層をとても長い距離進まなくてはなりません。この点が，ほぼ真上からやってくる昼間の太陽光と，大きくちがう点です。

**波長の短い青色や紫色の光は，太陽光が大気圏に入ってからすぐ，**

### 夕焼けが赤く見える理由

夕焼けが赤く見える理由をえがきました。太陽光のうち，青色や紫色の光は遠くで散乱され，赤色の光は近くで散乱します。

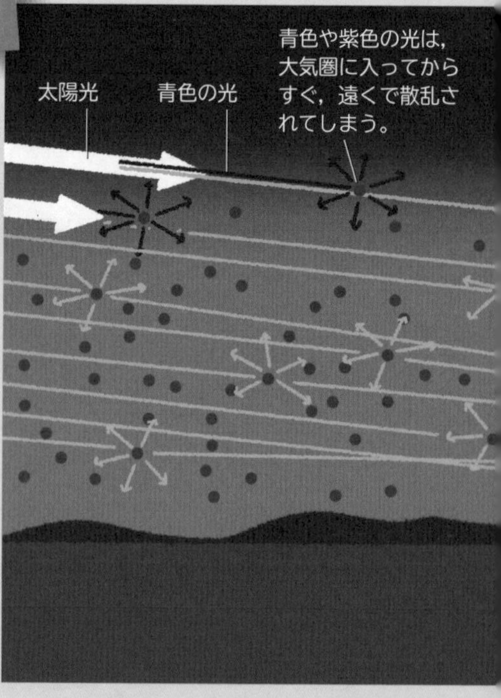

**遠くで散乱されてしまいます。**したがって，夕日のように長い距離を進む場合は，青色や紫色の光は，私たちの目にはほとんど届かなくなります。その結果，太陽光は青色や紫色の光を失い，赤っぽくなります。

## 赤色の光も，長い距離を進むうちに散乱

**一方，散乱をおこしにくい波長の長い赤色の光も，長い距離を進むうちに，散乱されるようになります。**大気中をただよう，ちりや水蒸気による散乱も影響します。このため，夕方の西の空から私たちの目に届くのは，赤色の光ばかりになってしまうのです。以上が，夕焼けが赤い理由です。

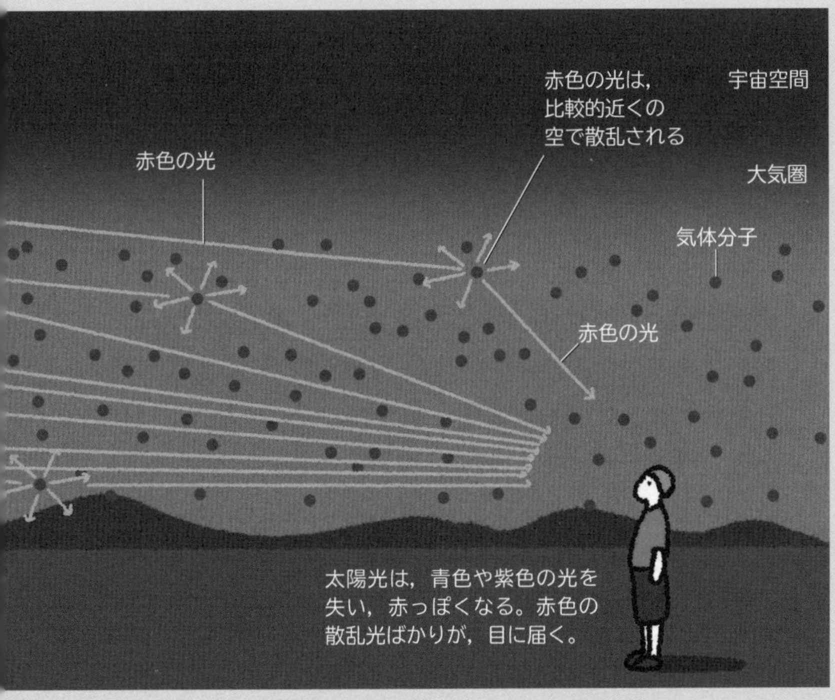

博士！
教えて!!

# ピカピカって何？

4月は，ピッカピカの1年生でいっぱいですね。……博士，ピカピカって，何なんですか？

ピカピカは，擬音語や擬態語の一種じゃ。光り輝くものや，光り輝くほど真新しいようすをあらわしておる。

へぇ～。光と関係あるのかと思った。

なんと！　実はピカピカと光は，音がよく似ているので，語源がいっしょという説があるんじゃ。よく気がついたのう。

えへへへ。

奈良時代よりも昔，「はひふへほ」は，「ぱぴぷぺぽ」と発音されていたのではないかといわれておる。「ひかる」を当時のように発音すると，「ぴかる」となる。ピカピカとぴかる，そっくりじゃろ。

たしかに！　今度友だちに，ぴかるっていってみよ。

入学式

― 干渉 ―

# 7 シャボン玉の虹色は，光の波がつくる

## 山と山が重なり，２倍の高さの山ができる

シャボン玉が虹色に色づいてみえる現象は，光のもつ「波」の性質と，光の波長が赤，橙，黄，緑，青，藍，紫色それぞれでことなっていることが関係しています。

２人がロープの片方の端をゆらし，波を発生させることを考えましょう（右のイラストＡ）。ロープは途中で連結され，その先で１本になっています。２人が同じタイミングで同じようにロープをゆらすと，ある瞬間には連結部に双方からやってきた山と山が重なり，２倍の高さの山ができます。**このように，複数の波が重なって，新たな波ができたり打ち消し合ったりすることを，「干渉」といいます。**イラストＡでは，干渉によって波が強め合ったのです（強め合う干渉）。

## 山と谷がぶつかると，二つの波は打ち消し合う

今度は，一方がロープを上げるときに，他方がロープを下げるようにゆらします（イラストＢ）。すると，連結部で山と谷，谷と山がぶつかるので，二つの波は打ち消し合い，連結部より先ではロープは波打ちません。イラストＢでは，干渉によって波が弱め合ったのです（弱め合う干渉）。

**この干渉が，シャボン玉の不思議な色彩に関係しています。**

## 波の干渉

波の干渉を，2本の波打つロープであらわしました。Aは強め合う干渉，Bは弱め合う干渉です。

A. 強め合う干渉

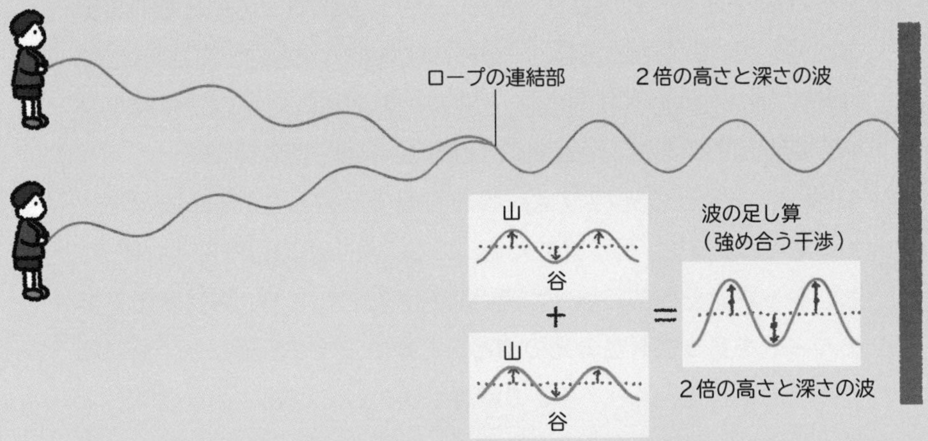


B. 弱め合う干渉

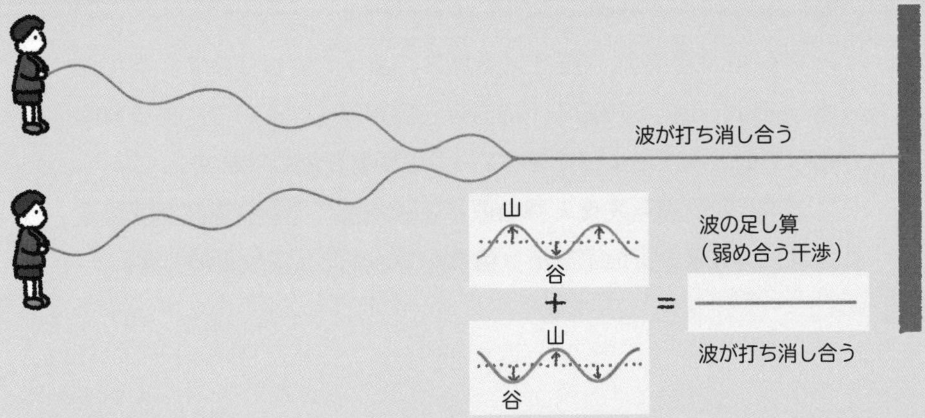

— 干渉 —

# 8 見る角度と膜の厚さで変わる，シャボン玉の色

## 二つのルートを通った光の山と山が，重なる

シャボン玉は，薄い膜でできています。**シャボン玉の表面に入射した太陽光や照明の光のうち，一部は膜の表面で反射して目に届き，一部は膜の中にいったん入って膜の底で反射してから目に届きます。この二つの光が，干渉をおこします（右のイラスト）。**

膜の中を通った光（A）は，膜の表面で反射した光（B）よりも，X→Y→Zの分だけ長く進むため，二つの光の山の位置はずれます。もしシャボン玉のある場所が青色に見えたとしたら，AとBの二つのルートを通った青色の光の山と山とが，ちょうど重なって目に届くような条件を，X→Y→Zの距離が満たしていることを意味します。青色の光が強め合う干渉をおこし，明るく見えるのです。

## 干渉の条件が変わることが原因

X→Y→Zの距離は，膜を見る角度によって変わります。またシャボン玉は，重力の影響で下の方ほど膜が厚くなるので，見る角度が同じでも，場所によってX→Y→Zの距離が変わります。

**このように，見る角度と膜の厚さによって，干渉の条件が変わることが，シャボン玉の不思議な色彩をつくりだしているのです。**

# シャボン玉の色が変わる理由

二つのルートを通った光の強め合う干渉（1）と，見る角度で条件が変わった干渉（2）をえがきました。シャボン玉の膜の厚さのちがいによっても，干渉の条件は変わります。

### 1. 二つのルートを通った光の強め合う干渉

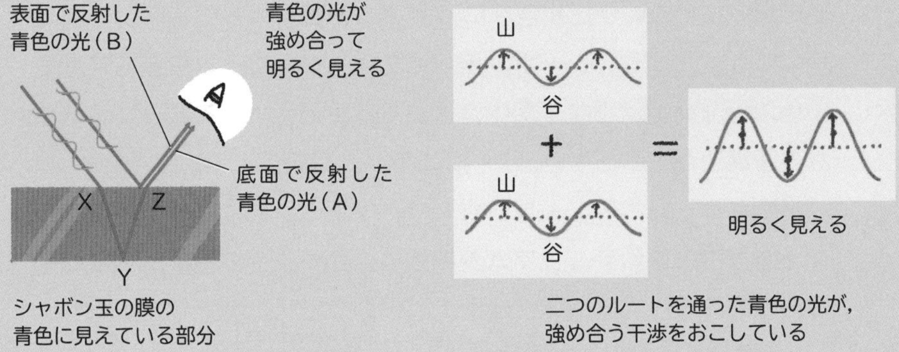


### 2. 見る角度で条件が変わった干渉

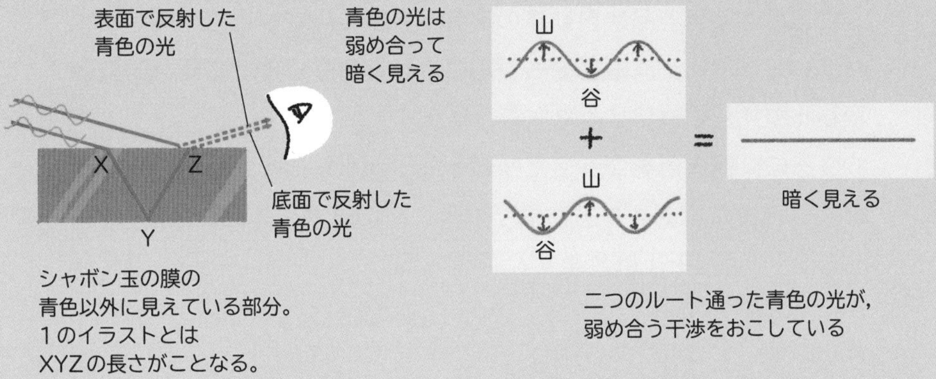

— 干渉 —

# 9 モルフォチョウにアワビ！自然界の虹色

## 微細な表面構造が生みだす「構造色」

通常の物体の色は，その物体を構成する原子や分子（たとえば色素の分子）がつくりだす色なので，その物質自体がもっている色といえます。**しかし，シャボン玉や光ディスクは，その物質自体がもつ色ではなく，微細な表面構造によって生みだされる色です。**微細な表面構造が生みだす色は，「構造色」とよばれています。

構造色は，自然界にも見られます。中南米に生息する青色のモルフォチョウのはねや，タマムシのはね，クジャクの羽根，アワビの貝殻の内面など，自然界には構造色をもつ物がたくさんあります。

## 見る角度によって，色や明暗が変わって見える

構造色は，化粧品や自動車の塗装，衣服の繊維などで，応用研究が進んでいます。**構造色をもつ物は，見る角度によって色や明暗が変わって見え，独特な色彩をつくります。**

さらに，構造色をつくりだすのと同じような構造をもち，光を制御することができる人工結晶が誕生しています。それらは，「フォトニック結晶」とよばれます。

## モルフォチョウ

はねに構造色をもつ，モルフォチョウをえがきました。下は，モルフォチョウのはねの鱗粉の，電子顕微鏡写真です。

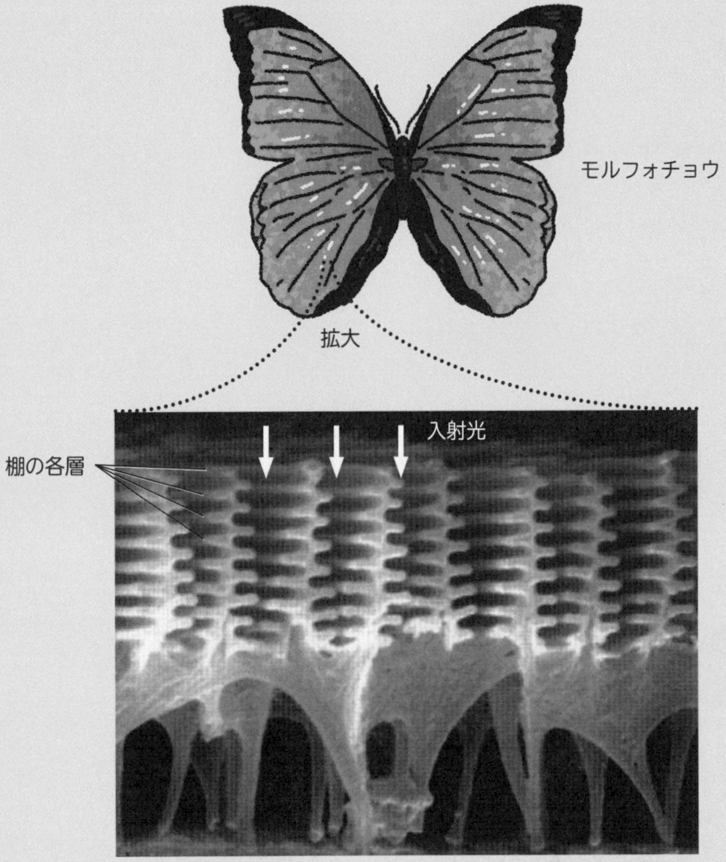


モルフォチョウの鱗粉の断面を撮影した，電子顕微鏡写真です。多数の層が積み重なり，棚のように見えます。これらの各層での反射光が干渉をおこし，あざやかな青色を生みだします。
（出典：S. Kinoshita, et al, Forma, 17, 103-121, 2002
［写真提供：兵庫県立大学名誉教授 松井真二］）

入学式

# 3. 光の三原色と，色の三原色

第1章で，アイザック・ニュートンが，太陽光は無数の色の集合体であることを発見したと紹介しました。しかしニュートンは，「光線に色はない」といったといいます。どういうことなのでしょうか。第3章では，光の三原色と色の三原色について，みていきましょう。

— 光の三原色 —

# 1 3色の光が，すべての色の光をつくる！

## 赤，緑，青の3色は，「光の三原色」

第1章では，白色に見える太陽光が無数の色の光の組み合わせであることを紹介しました。**実は，「赤」「緑」「青」のたった3色の光を組み合わせるだけで，私たちはその光の色を「白」と認識します。この3色の光の明るさをかえてさまざまに組み合わせれば，原理的には，すべての色をつくりだすことも可能です。**

赤，緑，青の3色は，「光の三原色」とよばれています。英語で赤は「Red」，緑は「Green」，青は「Blue」なので，頭文字をとって「RGB《アールジービー》」とよばれます。ただし，三原色の組み合わせは必ずしも厳密なものではなく，波長が多少ずれてもかまいません。

## ディスプレイは，赤，緑，青のドット

ディスプレイは，光の三原色を利用しています。**ディスプレイの表面を拡大してみると，赤，緑，青のみずから発光するドットの組み合わせでできていることがわかります。**私たちの目は，三つの小さなドットを別々の点としてとらえることができないので，3色の光が重なってさまざまな色として認識されるのです。

## 光の三原色

光の三原色をえがきました。光の三原色である，赤，緑，青の3色の光を組み合わせれば，原理的にはすべての色をつくりだせます。

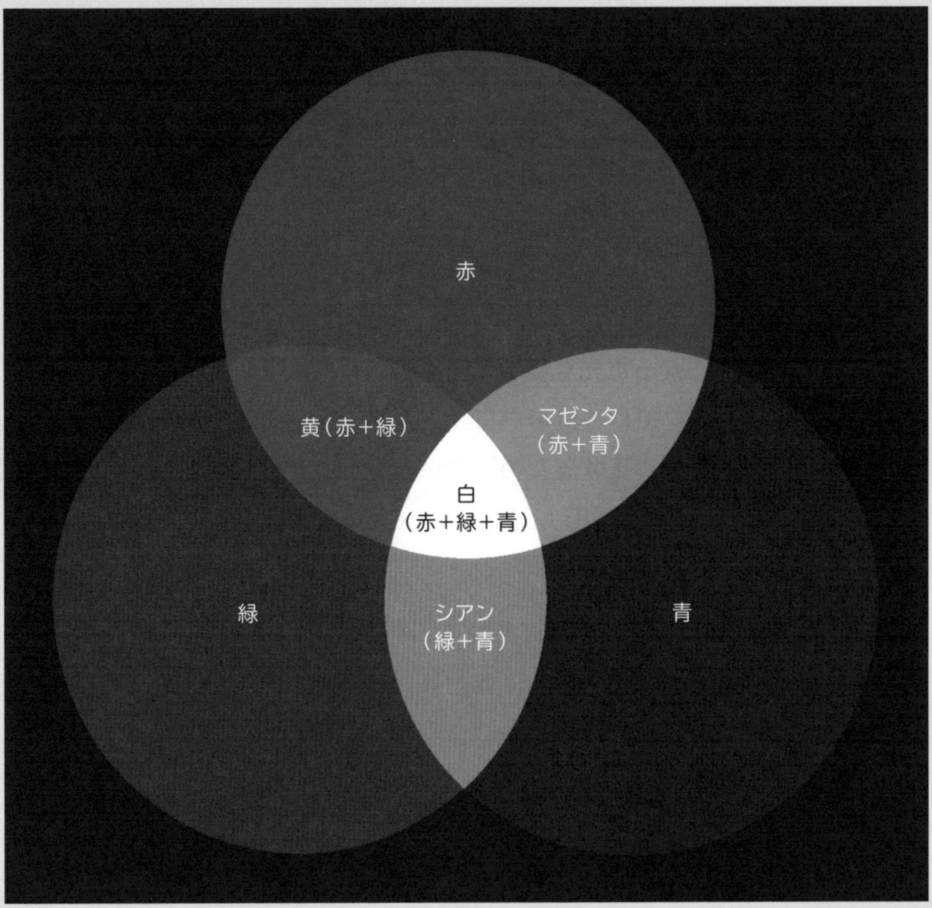

— 光の三原色 —

# 2 アイザック・ニュートン「光線に色はない」

## 光には，色の感覚を引きおこす性質があるだけ

光学の初期の発展に多大な影響をおよぼしたアイザック・ニュートンは，「光線に色はない」とのべたそうです。**色は，物理的な量というよりも，人間の視覚がつくりだす心理的な量なのです。**光には，色の感覚を引きおこす性質があるだけなのです。

## 人間の視覚が，周囲の環境に合わせて色を補正

オレンジ色がかった光を放つ電球を灯した部屋でも，しばらくそこにいれば，白い紙はやはり白に見えます。**人間の視覚が周囲の環境に合わせて色を補正するため，白い紙はいつも通りに感じられるのです。**これを，「色順応」といいます（右のイラスト）。

色つきのサングラスをかけたときに，すぐに違和感がなくなるのも色順応です。

## 色順応

色順応の例をえがきました。オレンジ色がかった光を放つ電球を灯した部屋にいても，太陽光で明るい昼間の部屋にいても，白い紙は白に見えます。

オレンジ色がかった光を放つ電球を灯した部屋

太陽光で明るい昼間の部屋

— 光の三原色 —

# 3 目の奥には，赤用青用緑用のセンサーあり

## ３種類の光の強度の組み合わせが色

なぜ，赤，緑，青の3色の光だけで，すべての色をつくりだせるのでしょうか。それは，私たちの目の奥にある，光を受け取る「網膜」に秘密があります。

網膜には，「杆体《かんたい》」と「錐体《すいたい》」という，光を感じ取る２種類の細胞があります。杆体は主に明暗を感じ取るセンサー，錐体は主に色を

### 網膜の杆体と錐体

網膜にある，杆体と錐体をえがきました。錐体は3種類あり，それぞれ主に赤色の光，緑色の光，青色の光を感じ取ります

人間の眼の断面図

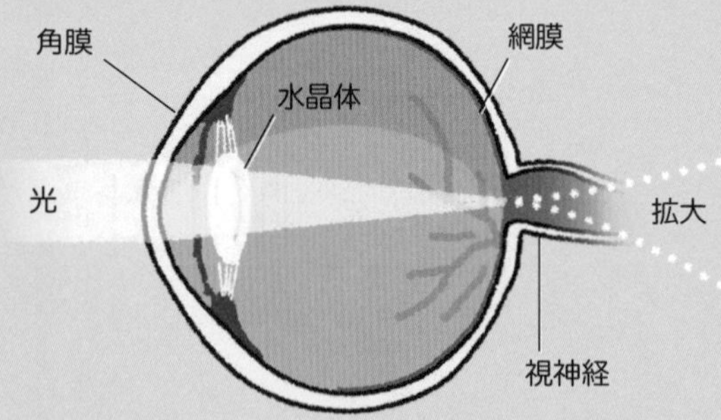


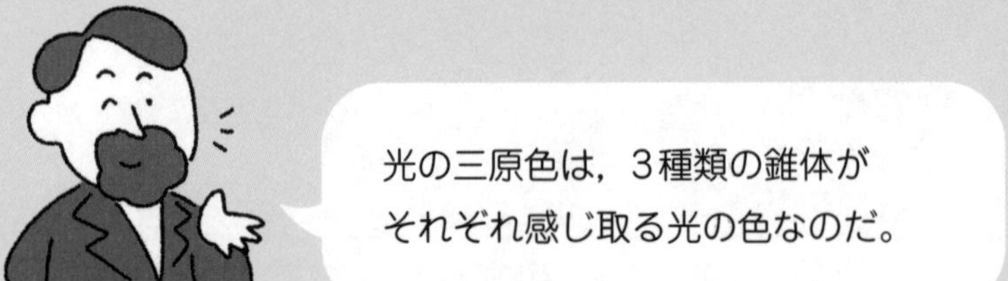

感じ取るセンサーです。さらに錐体には3種類があり，それぞれ主に赤色の光，緑色の光，青色の光を感じ取ります。**この3種類の錐体が感じ取ったそれぞれの光の強度の組み合わせが，視神経から脳に伝えられて，色として感じられるのです。**

## 人間に，あらゆる色を感じさせられる

**赤，緑，青の3色の光をうまく組み合わせれば，3種類の錐体をどのようにも刺激できます。**そのため，3色の光の組み合わせだけで，原理的には，人間にあらゆる色を感じさせることができます。これが，赤，緑，青の3色の光だけで，すべての色をつくりだせる理由なのです。

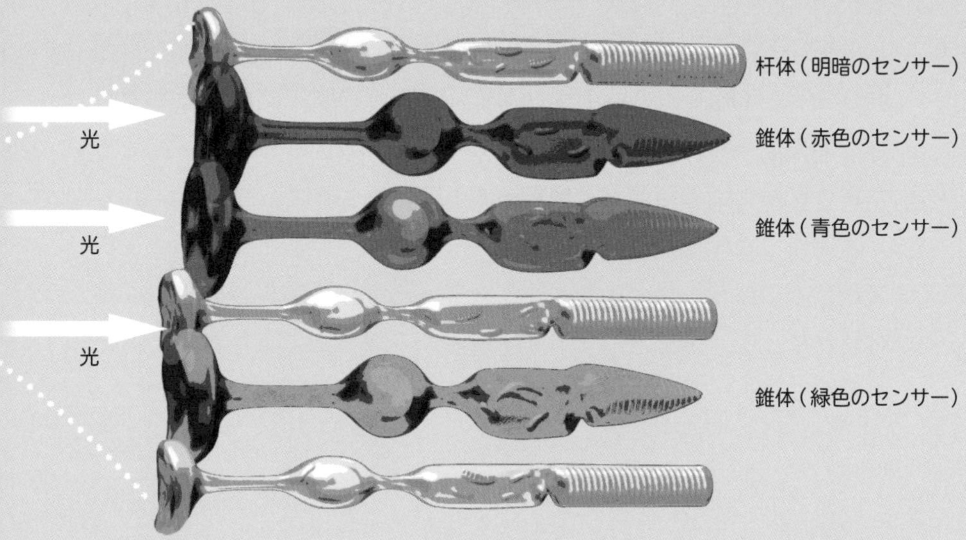

— 光の三原色 —

# 4 トリの見る世界は，ヒトよりもあざやかかも

## イヌやネコは，色彩のとぼしい世界を見ている

錐体の中で実際に光を受け取るのは，「視物質」という物質です。ヒトの視物質は3種類あり，それぞれ赤色の光，緑色の光，青色の光を受け取ります。一方，多くの哺乳類では，錐体の視物質は，2種類しかないといいます。**色は心理的な量なので，断定的なことはいえないものの，イヌやネコ，ウシといった哺乳類は，ヒトよりも色彩のとぼしい世界を見ているのではないかといわれています。**

## 鳥類は，紫外線も見えるらしい

**一方，魚類や爬虫類，鳥類は，錐体の視物質をヒトよりも一つ多く，4種類もっているといいます。たとえば鳥類は，ヒトの目には見えない紫外線も見えるようです。**これらの動物が見る世界は，私たちが見る世界とは，ちがった色彩をもっていると考えられています。

哺乳類の祖先は，進化の過程で夜行性を長く経験したため，視物質が二つに退化したといわれています。その後，霊長類の祖先は昼行性となって，色あざやかな木の実などを食べるようになり，進化の過程でふたたび視物質がふえたのではないかと考えられています。

## ヒトと鳥類の視物質の比較

ヒトの三つの視物質が受け取る波長（A）と，鳥類の四つの視物質が受け取る光の波長（B）をえがきました。グラフの横軸が光の波長，縦軸が光を吸収する割合です。

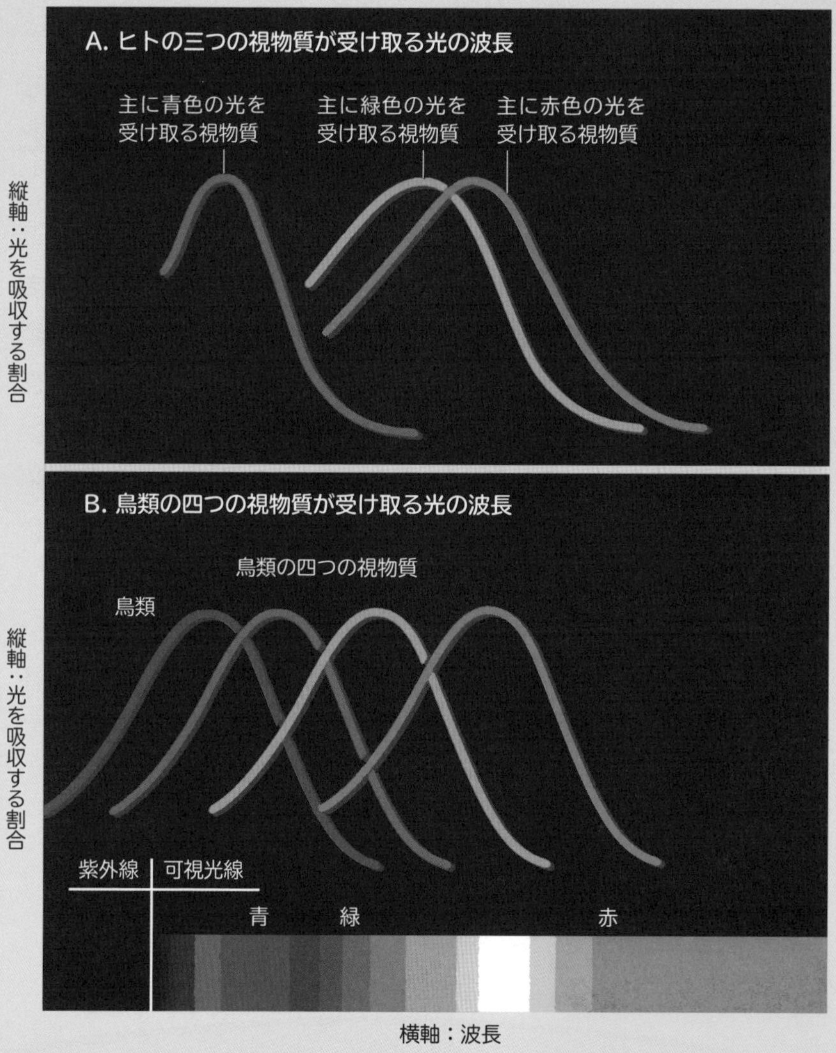

# ゲーテ「もっと光を！」

ヨハン・ヴォルフガング・フォン・ゲーテ（1749～1832）は，戯曲『ファウスト』や小説『若きウェルテルの悩み』などで知られる，ドイツの大文豪です。**ゲーテは臨終の際，ひじ掛けいすに座りながら，「もっと光を！（Mehr Licht !）」という最後の言葉を残したといわれています。**

この言葉を最初に紹介したのは，ゲーテの臨終の際に席をはずしていた，主治医のフォーゲルでした。フォーゲルの著書には，「『もっと光を！』が，暗闇をきらうゲーテの最後の言葉だったといわれる」といった内容が書かれています。**一方，臨終の場にいた司法長官のミューラーは，「ゲーテは死の30分前，もっと光が入りこむように，よろい戸をあげるように命じた」という主旨の記録を残しています。**

**ゲーテはただ，寝室が暗いから「明るくしてほしい」と伝えたかっただけなのかもしれません。**大文豪の最後の言葉だからこそ，つい想像力がかき立てられてしまいますね。

— 色の三原色 —

# 5 自分で光らない物の色は，反射した光の色

## 物が光を反射していないと，見られない

**私たちが物を見るとき，ディスプレイのようにみずから発光している物でないかぎり，物が何らかの光源からの光を反射していないと，その物を見ることはできません。**

たとえば，植物の緑色の葉は，光源からの白色光のうち，緑色以外の光を吸収して，緑色の光だけを反射しています。このため，植

### 光の反射と透過

植物の緑色の葉の反射（A）と，赤色の半透明な下敷きの透過（B）をえがきました。

A. 植物の緑色の葉の反射

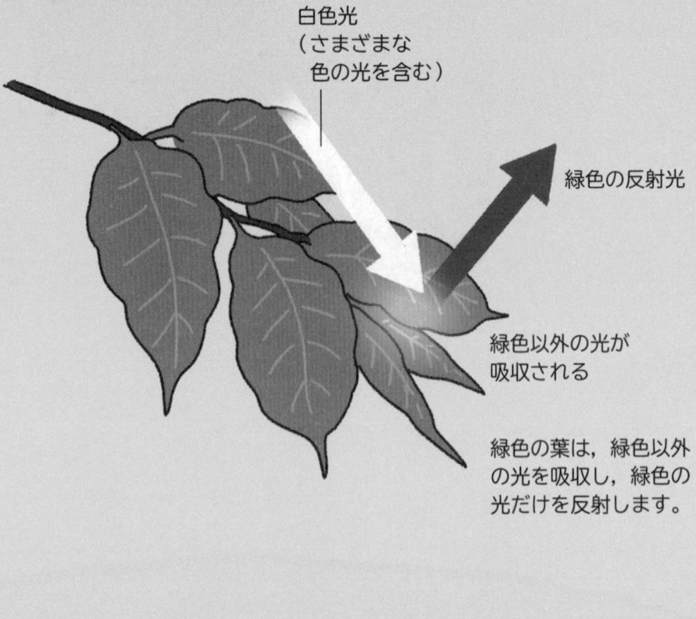

物の葉は緑色に見えます。

## 緑色の光を吸収しないから，緑色に見える

もう少し厳密にいうと，植物の緑色の葉は，白色光のスペクトルのうち，赤色に近い波長の光と青色に近い波長の光を吸収して，残りの光を反射します。この残りの光のスペクトルが，人間には緑色に感じられます。**植物は，緑色の光を吸収しないからこそ，緑色に見えるのです。**

では，半透明な物体の色はどうでしょう。赤色の半透明な下敷きは，白色光のうち赤色以外の光を吸収して，赤色の光だけを透過させます。このため，赤色に見えるのです。

B. 赤色の半透明な下敷きの透過

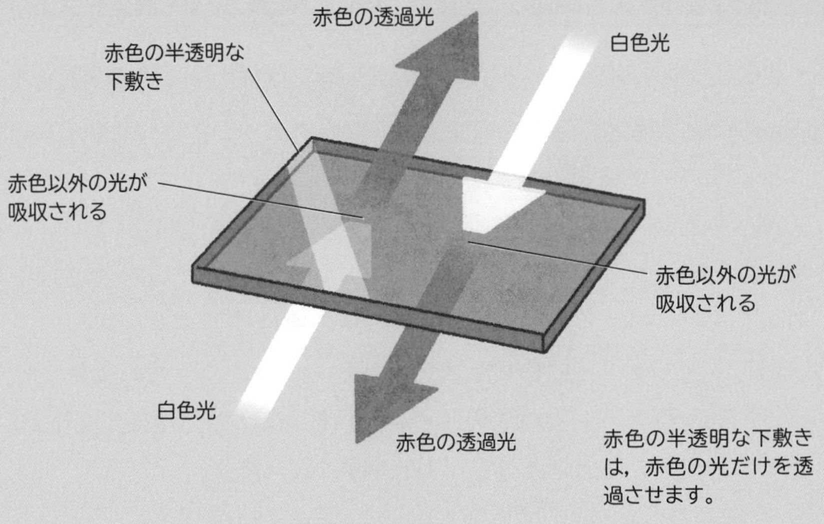

— 色の三原色 —

# 6 絵の具の色は，３色あれば だいじょうぶ

## 「色の三原色」は，シアン，マゼンダ，黄色

「光の三原色」に対して，「色の三原色」もあります。これは絵の具など，みずから発光しないものを使ってさまざまな色をつくりだすのに必要な考えです。**色の三原色は，「シアン（明るい青色）」，「マゼンタ（明るい赤紫色）」，「黄色」の三つです。白い紙の上でこの三つを組み合わせると，原理的には，すべての色がつくれます。**ただし，3色が必ずしもこの組み合わせでなくてもよいのは，光の三原色と同じです。

## 「色の引き算」で考えると，わかりやすい

**色の三原色の絵の具をまぜると，「黒」になります。光の三原色を合わせて白になるのとは，逆です。**これは，「色の引き算」で考えるとわかりやすいでしょう。シアンの絵の具は，白色光から赤色の光を吸収し，残った光を反射することでシアンの色に見えています（白－赤＝シアン）。マゼンタの絵の具は白色光から緑色の光を吸収し（白－緑＝マゼンタ），黄色の絵の具は白色光から青色の光を吸収しています（白－青＝黄）。結局，この三つの絵の具をまぜると，赤も緑も青もすべて吸収されて，何も反射されません。このため，黒に見えるのです。（白－赤－緑－青＝黒）。

## 色の三原色

色の三原色をえがきました。色の三原色である，シアン，マゼンダ，黄色の3色の絵の具を組み合わせれば，原理的にはすべての色をつくりだせます。

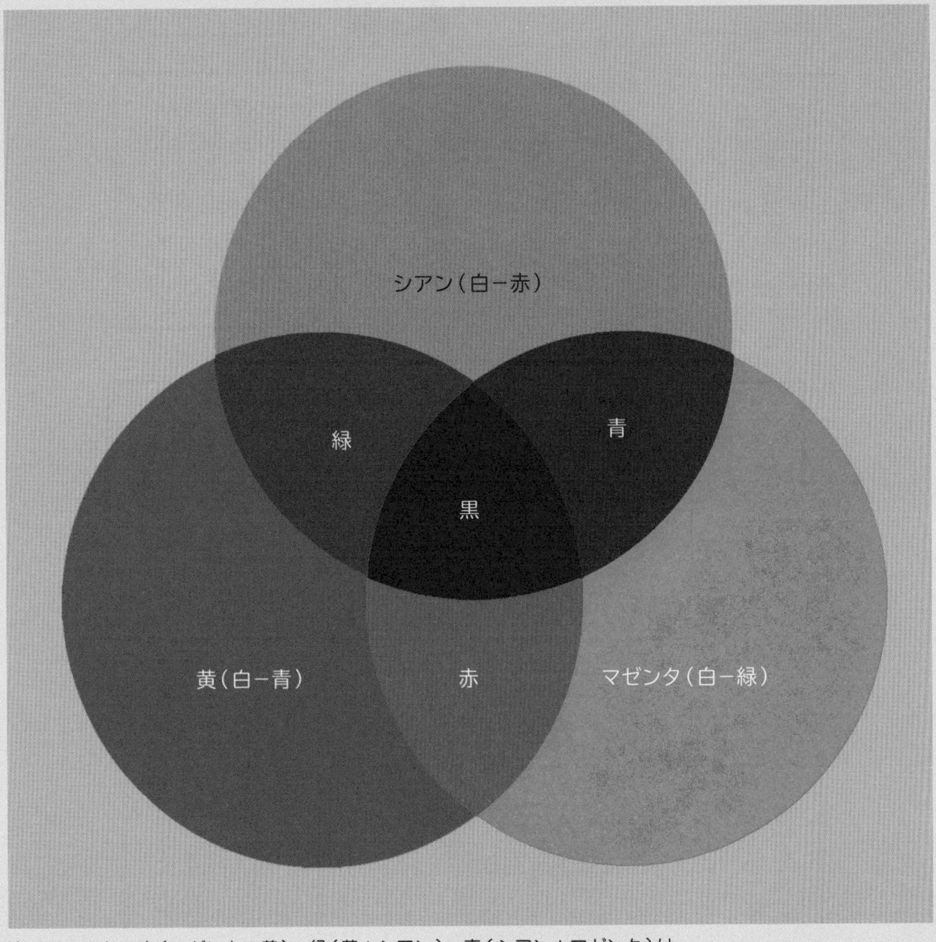


注：イラストの赤（マゼンタ＋黄），緑（黄＋シアン），青（シアン＋マゼンタ）は，63ページで紹介した光の三原色と同じ色です。

## ニュートンの「驚異の年」

イギリスの天才科学者
アイザック・ニュートン
（1643～1727）は
1661年に
ケンブリッジ大学へ入学
1663年ごろから
本格的に数学に
取り組みはじめ
翌年には
大学トップレベルに
同時に
光学についての
実験や研究も
はじめる
1665年、
ペストがイギリスで
大流行した影響で
大学が閉鎖され
ニュートンは故郷で
研究をつづけた
この時期にニュートンは
「万有引力」を発見し
「微分積分」や
「光の粒子説」なども
まとめている
故郷にいたこの1年半は
「驚異の年」とよばれる

ライバルとの光学論争
1669年、ニュートンはケンブリッジ大学できわめて名誉あるルーカス数学教授の地位を得る
ニュートンの講義は内容がむずかしく受講者がいないこともあったという
1672年にはロンドンの王立協会会員に選ばれる
ニュートンは光についての理論を王立協会で発表しようとした
すると、科学者のロバート・フック（1635〜1703）が
「これはすでに自分が考えていたことで新しくないばかりかまちがいもある」と主張
怒ったニュートンは背の小さいフックへこんな手紙を出した
もし私がより遠くをながめることができたとしたら、それは巨人の肩に乗ったからです。
ニュートンの光学研究の全ぼうは1704年刊行の著書『光学』にまとめられている

# 4. 光の正体は，電気と磁気の波！

光は，波の性質をもちます。しかしいったい，何の波だというのでしょうか。実は，光は電気と磁気の波です！　電気と磁気は，似たものどうしの兄弟のようなものなのです。第4章ではいよいよ，光の正体についてみていきましょう。

— 光は波 —

# 1 赤外線も可視光線もX線も，みんな「電磁波」！

## 正確にいえば，「光は電磁波」

ここまで，「光は波」と説明してきました。これは，どういう意味でしょうか。**先に答えをいってしまうと，「光は電磁波」です。**

電磁波には，いろいろな種類があります。携帯電話などの通信に使われる「電波」，物をあたためる「赤外線」，目に見える「可視光線」，日焼けのもとになる「紫外線」，レントゲン撮影に使われる「X線」，放射性物質から出る「ガンマ線」。これらはすべて，電磁波です。これらは波長だけがことなる，同じ仲間といえます。電磁波のうちで，電波が最も波長が長く，上記の順に波長が短くなります。

## 電磁波の速さと，光の速さがほぼ一致した

「光は電磁波」ということは，どのように発見されたのでしょうか。イギリスの物理学者のジェームズ・マクスウェル（1831～1879）は，電磁波の進む速さが秒速約30万キロメートルであることを，理論的な計算から導きだしました。マクスウェルは，電気と磁気の理論である，「電磁気学」の創始者です。

**マクスウェルの求めた電磁波の速さは，当時知られていた光（可視光線）の速さとほぼ一致しました。このことからマクスウェルは，「光とは，電磁波の一種である」と見抜いたのです。**

## 電磁波の種類

電磁波の種類をえがきました。電磁波は，波長のちがいによって，ことなる名前がつけられています。

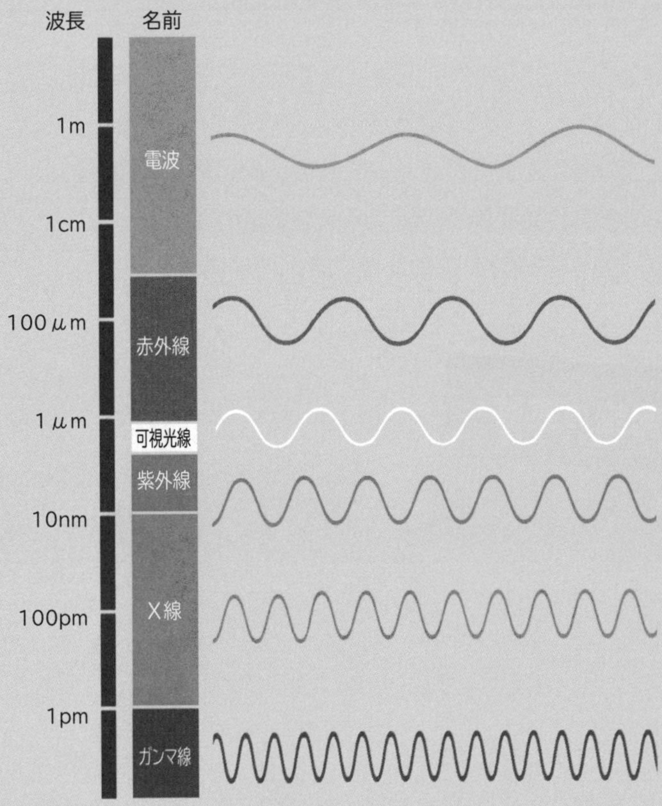


波長0.1ミリメートル程度以上。通信用アンテナや雷などで発生。

波長1ミリメートル～800ナノメートル程度。熱をもつあらゆる物体で発生。

波長800～400ナノメートル程度。太陽や照明器具などで発生。

波長400～1ナノメートル程度。太陽や殺虫灯，ブラックライトなどで発生。

波長10ナノメートル～1ピコメートル程度。レントゲン装置や宇宙の星などで発生。

波長10ピコメートル程度以下。放射性物質や宇宙の星などで発生。

注：μ（マイクロ）は100万分の1，n（ナノ）は10億分の1，p（ピコ）は1兆分の1。

— 光は波 —

# 2 光速は，歯車の実験でだいたいわかった

## 回転する歯車を使って，光速を測定した

光は1秒間に，約30万キロメートル進みます。途方もない速さです。19世紀に，どうやって光の速さを測定したのでしょうか。

**1849年，フランスの物理学者のアルマン・フィゾー（1819～1896）は，高速回転する歯車を使って光速を測定しました。**そして秒速約31万キロメートルという，正確な値に近い値を得ました。

### フィゾーの光速測定の実験

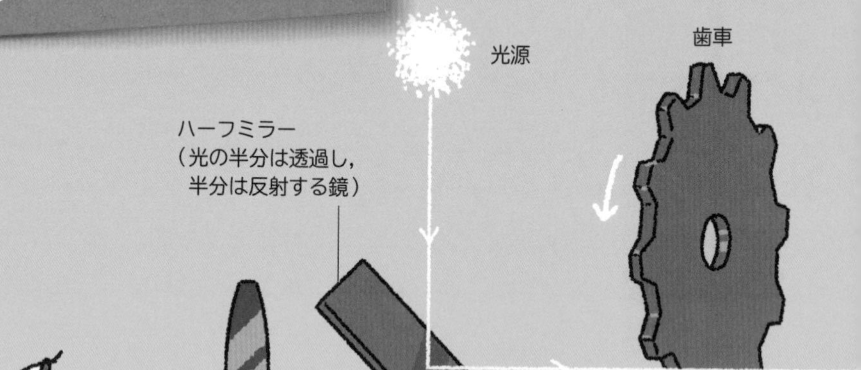

## 光が歯車の歯にさえぎられると，暗くなる

フィゾーの実験は，次のようなものです。まず，光源からの光を，回転する歯車に導きます。歯車のすき間を通った光は，遠方の鏡で反射して，歯車にもどってきます。歯車の回転数を調節し，光が歯車と鏡を往復する間に，歯車が半個分進むようにします。すると帰ってきた光は，歯車の歯にさえぎられて，観測者の視界は暗くなります。

次に歯車の回転数を上げると，今度は光が往復する間に，歯車が1個分進むようになります。すると帰ってきた光は，歯車のすき間を通り，視界はとても明るくなります。**こうしてフィゾーは，視界が暗くなるときと明るくなるときの条件から，光速を求めたのです。**

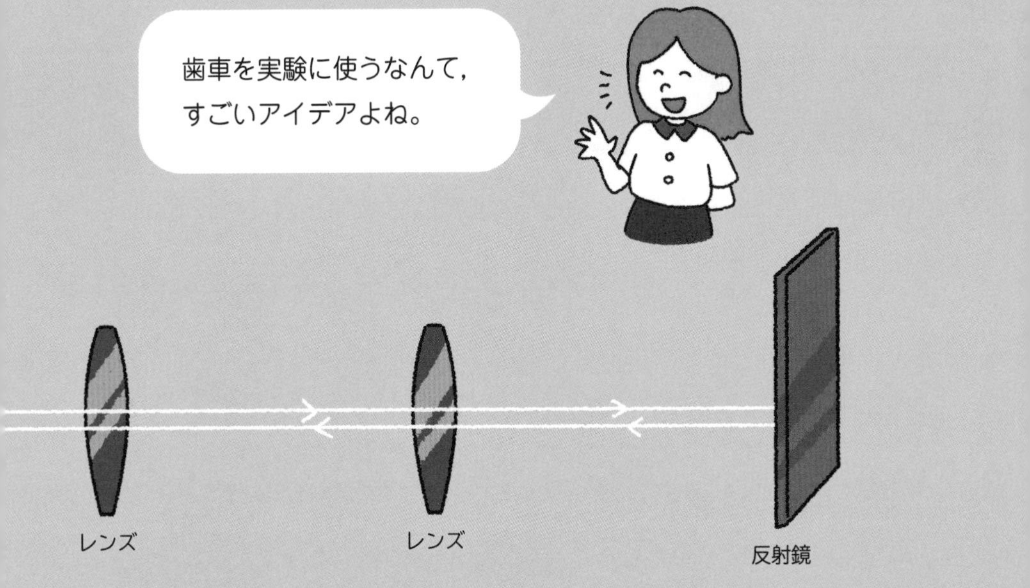


注：実際のフィゾーの実験では，歯車の数は720個ありました。
また，歯車と反射鏡の間の距離は，9キロメートルありました。

— 光は波 —

# 3 磁石のまわりでは，磁力がはたらく

## 光に，電気や磁気が関係する

ここから数ページにわたって，「光は電磁波」ということが何を意味するかを紹介します。**「光は電磁波」を理解するのに重要なのは，電磁波の名前が示すように，「電気」と「磁気」です。**

「光に電気や磁気が関係するの？」と，不思議に思う人もいるかもしれません。実は，とても関係があります。光の正体を知るために，電気と磁気の基本からみていきましょう。

## 磁石は磁力線の方向に，磁力を受ける

磁石のまわりに砂鉄をまくと，右のイラストAのような模様ができます。これは，砂鉄が磁石の影響を受けて，ごく小さな磁石と化し，N極とS極が引き合うようにして整然と並んだものです。イラストBは，その模式図です。矢印つきの線は，「磁力線」といいます。

磁力線が生じた空間に小さな磁石を置くと，小さな磁石はその場所の磁力線の方向に「磁力」を受けます（イラストA）。そして小さな磁石にはたらく磁力は，大きな磁石から距離がはなれるほど弱まります。**この磁力線が生じた空間がもつ，磁力を生みだす性質を，「磁場《じば》」といいます。**

## 磁力線と磁力

磁石と砂鉄がつくる磁力線（A）と，磁石がつくる磁力線の模式図（B）をえがきました。Aのイラストで，小さな磁石にはたらく磁力は，大きな磁石から距離がはなれるほど，弱くなります。

A. 磁石と砂鉄がつくる磁力線

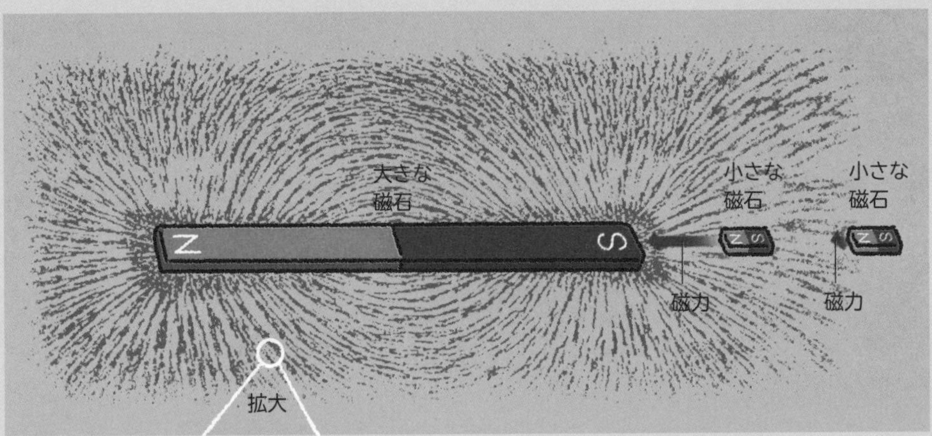

B. 磁石がつくる磁力線の模式図

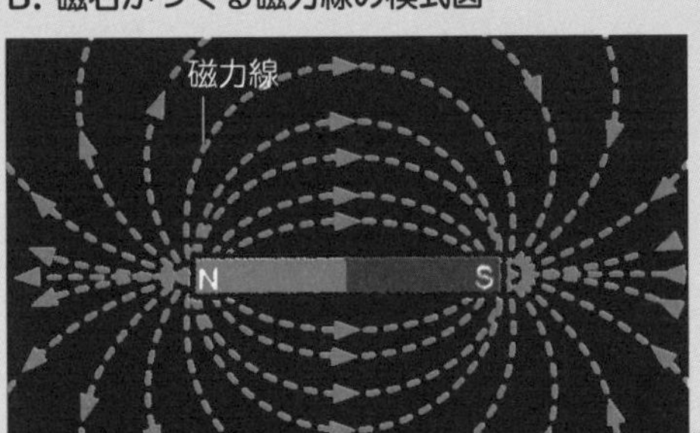


磁力線の矢印の向きは，N極から出て
S極に入るように決められています。

— 光は波 —

# 4 電気を帯びた物のまわりでは電気力

## 水流が，静電気の力で引きよせられる

電気で身近なのは，静電気でしょう。ゴム風船をティッシュなどでこすって水流に近づけると，水流が静電気の力で引き寄せられます。これは，静電気をおびたゴム風船が，周囲の空間に「電気力線《でんきりきせん》」をつくり，電気をおびた水流が「電気力《でんきりょく》」を受けたからです。**電気力線が生じた空間がもつ，電気力を生みだす性質を，「電場《でんば》」といいま**

### 電気力線と電気力

静電気の引力（A）と，電荷がつくる電気力線（B～E）をえがきました。

A. 静電気の引力

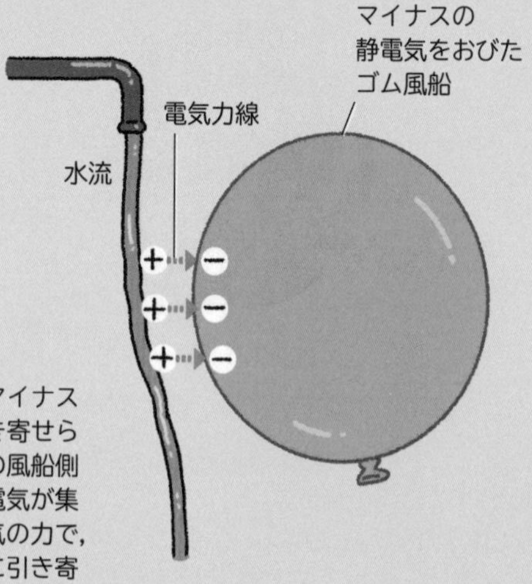


ゴム風船のマイナスの電気に引き寄せられて，水流の風船側にプラスの電気が集まる。静電気の力で，水流が風船に引き寄せられる。

**す。**84ページの磁気と，似ていませんか。

## 似たものどうしの電気と磁気

液体の上に小さな繊維をたくさん浮かべて，そこにプラスやマイナスの電気をおびた物体を入れると，下のイラストBやCのような模様ができます。繊維が電気をおび，整然と並んだのです。イラストDとEは，その模式図です。矢印つきの線が，電気力線です。

イラストDに，プラスの電気をもつ小さな粒子を新たに置くと，粒子が電気力線の矢印の方向に電気力を受けます。電気力の大きさは，中心の電荷から距離がはなれるほど弱くなります。

**このように，磁気と電気はとてもよく似ているのです。**

B. プラスの電荷がつくる電気力線

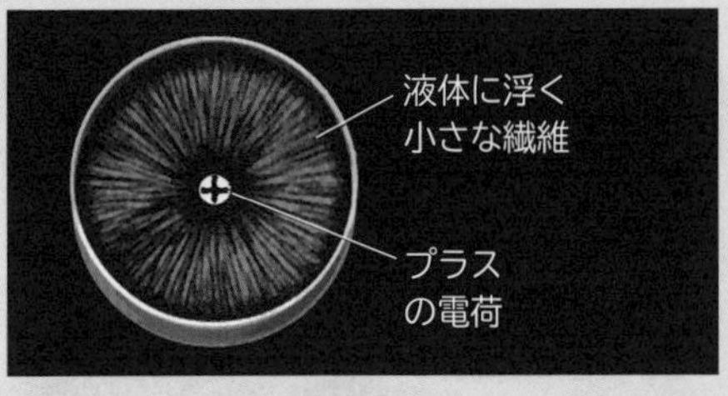


C. プラスとマイナスの電荷がつくる電気力線

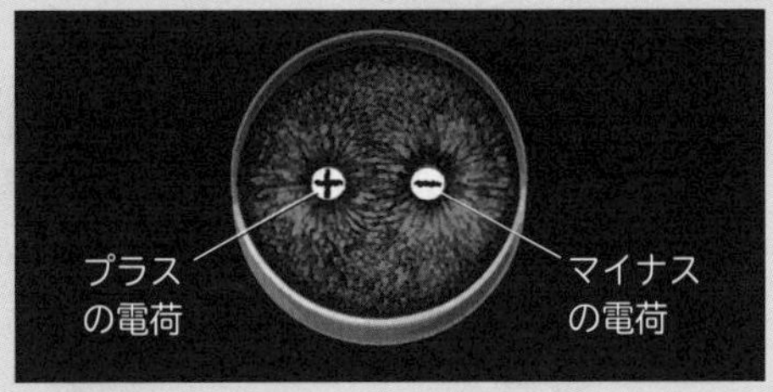


D. Bの電気力線の模式図

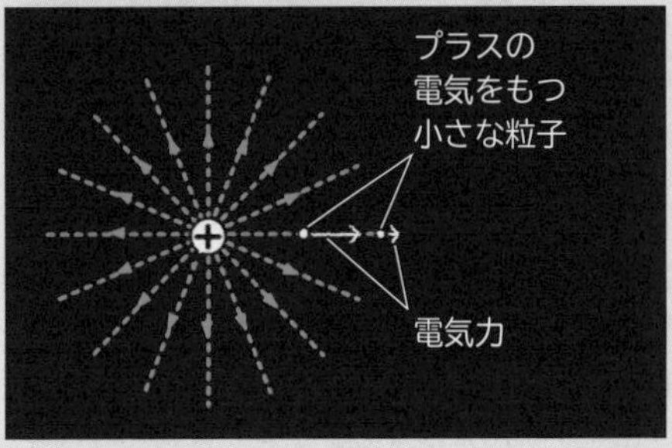


E. Cの電気力線の模式図

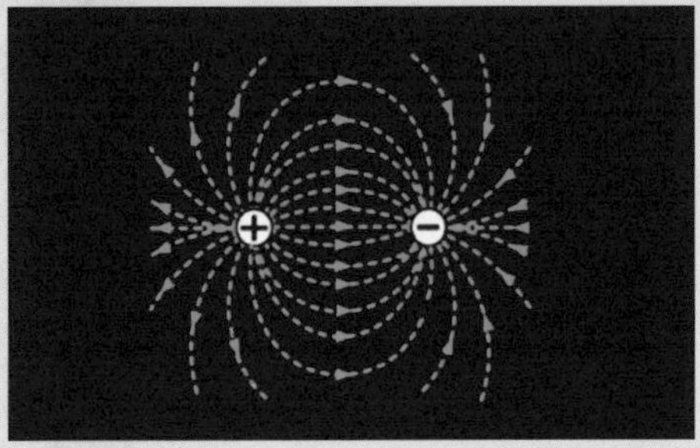

電気力線の矢印の向きは，プラスの電荷から出てマイナスの電荷に入るように決められています。

— 光は波 —

# 5 コイルに電気を流すと，磁場ができる

## 磁場が生じて，「電磁石」になる

光の正体にせまるには，似たものどうしの電気と磁気の関係を，さらにくわしく知る必要があります。ここからは，電気と磁気がどのように関係しあっているのかを，探っていきましょう。

導線を，円筒状に巻いたものを「コイル」といいます。**コイルを電源につないで電流を流すと，下のイラストAのような磁場が生じ**

### 電流のまわりに磁場が発生

コイルがつくる磁場（A）と，直線電流のまわりにできる磁場（B）をえがきました。

A. コイルがつくる磁場

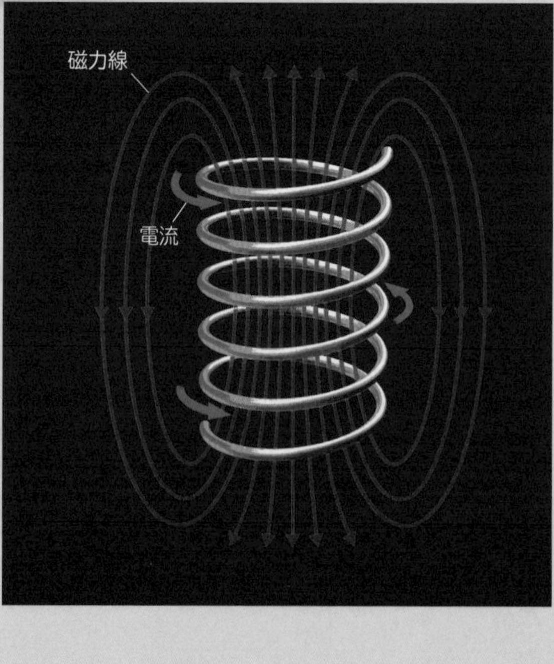

**て，コイルが「電磁石」になります。**電磁石の磁力は，コイルを鉄芯に巻いた方が強くなります。しかし，鉄芯に巻いてあるか巻いていないかにかかわらず，コイルに電流を流せば，電磁石になります。

## 環をくぐり抜けるような磁場が重なりあう

ではなぜ，コイルに電流を流すと，電磁石になるのでしょうか。

**まっすぐな導線に電流を流すと，電流の周囲には，イラストBのような磁場が発生します。**この導線を環状にして電流を流すと，導線の環の片側から反対側へと，くぐり抜けるような磁場が発生します。その環状の電流がつくるくぐり抜けるような磁場が重なりあって，イラストAのような電磁石の磁場がつくりだされているのです。

B. 直線電流のまわりにできる磁場

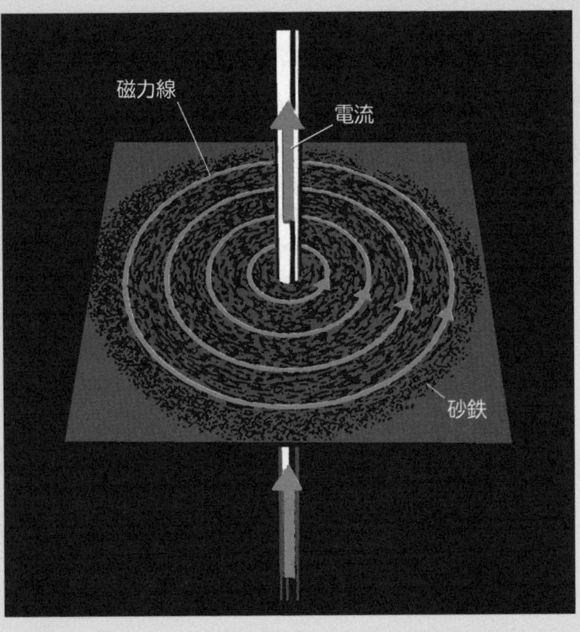

— 光は波 —

# 6 磁石をコイルに近づけると，電場ができる

## 環状の導線に沿って，電場が発生

**今度は，コイルを電源につながず，コイルに磁石を出し入れしてみます。すると電源もないのに，コイルに電流が流れます。**これは，「電磁誘導」という現象です（下のイラストAとB）。

電流は，マイナスの電気をおびた「電子」の流れです。電子を動かすには，電場が必要です。つまり電磁誘導で，コイルに磁石を

### 電磁誘導

磁石がコイルから遠いときの磁場（A）と，磁石をコイルに近づけたときの磁場（B）をえがきました。

A. 磁石がコイルから遠いときの磁場

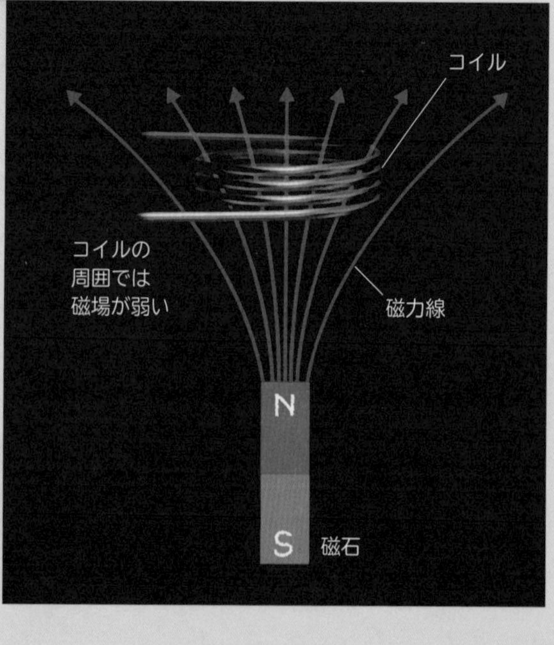

近づけることで電流が流れたということは，環状の導線に沿って電場が発生し，その電場によって電子が動かされたことを意味します。

## 磁場が変動すると，周囲に電場が発生する

磁石のまわりには，磁場が生じています。磁石をコイルに近づけると，コイルの内部の磁場がどんどん強くなります。**実は，「磁石を近づけるとコイルに電流が発生する」ということは，「磁場が変動すると，周囲に電場が発生する」ということを意味するのです。**

一方，「電場が変動すると，周囲に磁場が発生する」ということも，電磁気学からわかっています。つまり，「電場の変動は，周囲に磁場をつくりだす」ということになります。

B. 磁石をコイルに近づけたときの磁場

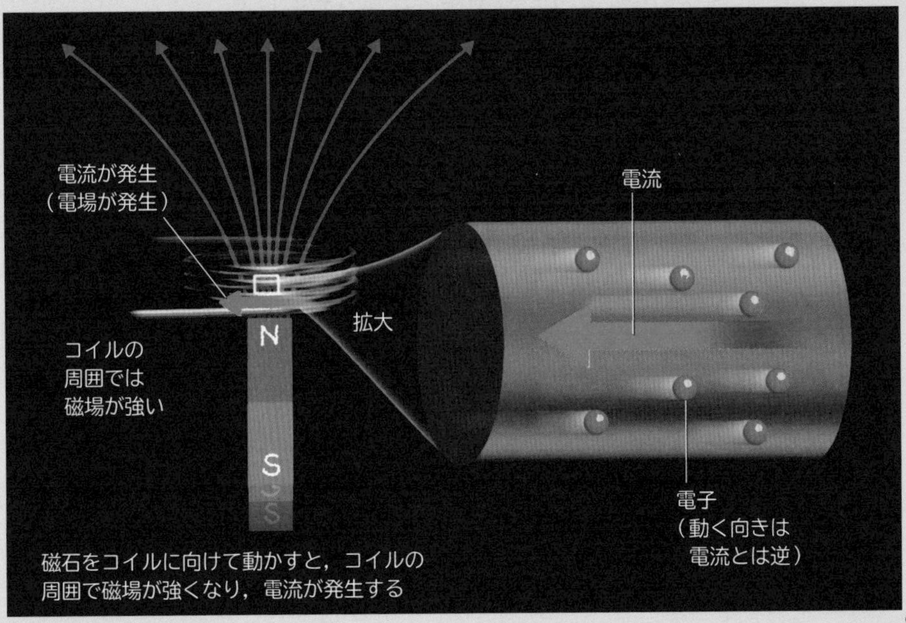

博士！
教えて!!

# 光りものって何？

博士，光りものって何ですか？　テレビに映ったおすし屋さんのメニューに，そう書いてありました。

ふぉっふぉっふぉ。光りものは，すし屋の専門用語で，銀色に光り輝く皮をもつ魚のことじゃよ。

銀色に光り輝く皮をもつ魚？

うむ。赤身の魚だとコハダやアジ，サバ，イワシ，サンマ，白身の魚だとサヨリやキスが光りものじゃ。

へぇ～。

光りものは鮮度が落ちやすいことから，昔からお酢でしめる調理方法がとられておる。うまくお酢でしめるには，身の厚さや脂ののり具合などに合わせた微妙なさじ加減が必要じゃ。光りものを食べれば，職人の腕まえがわかるとまでいわれておるぞ。

すごい！　おすし屋さん，行ってみたいなぁ。

— 光は波 —

# 7 電流を変動させると，磁場と電場がつぎつぎ発生

## 電流を変動させると，磁場も変動

マクスウェルは電磁気学を用いて，光の正体につながる大発見をしました。その思考を追っていきましょう。

電流の大きさと向きを時々刻々と変動させると，電流のまわりの磁場も変動します。**電流の値を増減させると，周囲の磁場もそれにともなって増減し，電流の向きを反対にすると磁場の向きも反対になります（右のイラストA）。**

## 磁場と電場の連鎖的な発生が，延々とつづく

92ページで紹介した，「磁場が変動すると電場が発生し，電場が変動すると磁場が発生する」ということを思いだしてください。電流を流すと周囲に磁場が発生し，電流の変動とともに磁場も変動します（イラストB）。するとこの磁場の変動によって新たな電場が発生し，磁場の変動とともにこの電場も変動します（イラストC）。すると，この電場の変動によってまた新たな磁場が発生し，この磁場も変動します（イラストD）。**結局，磁場と電場の連鎖的な発生が，延々とつづくことになります。**

## 電流と磁場の関係

Aは，電流の振動と磁場の振動をえがきました。B～Dは，電流の変動によって，磁場と電場が次々と発生するようすをえがきました。

### A. 電流の振動と磁場の振動

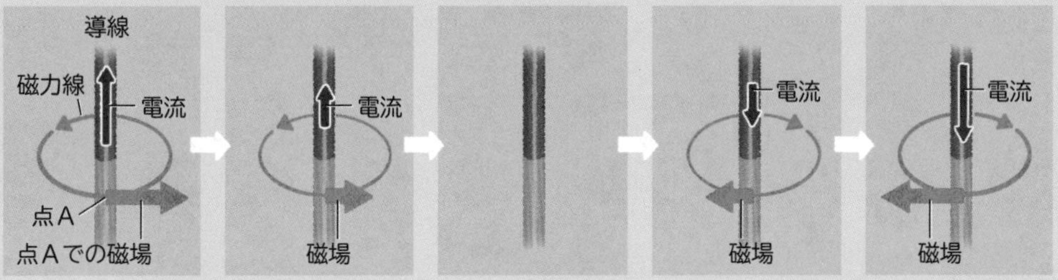


電流の大きさが半分になると，磁場の大きさも半分に

電流がなくなると，磁場もなくなる

電流の向きが反対になると，磁場の向きも反対に

電流の大きさが倍になると，磁場の大きさも倍に

### B. 電流の変動と磁場の発生　C. 磁場の変動と電場の発生　D. 電場の変動と磁場の発生

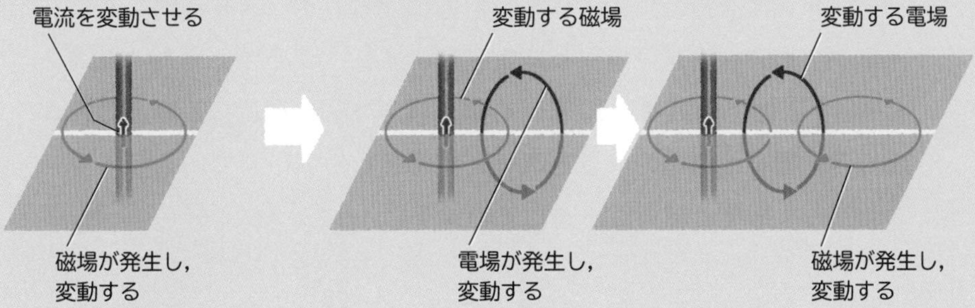


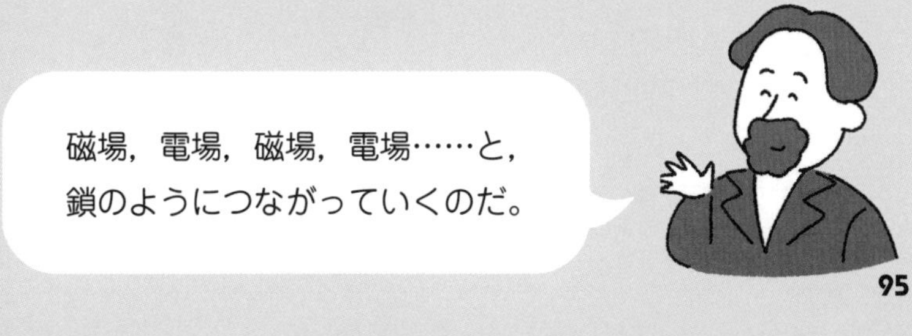

— 光は波 —

# 8 電場と磁場の連鎖的な発生，それが電磁波！

## 連鎖的に発生しながら，進んでいく

マクスウェルは，「変動する電流」をきっかけに，周囲に電場と磁場が次々と連鎖的に発生しながら進んでいくことを発見しました（右のイラストA）。これが「電磁波」です。さらにマクスウェルは，電磁波と光が同じものであることを見抜きました（80ページ）。

## 電場と磁場は，直交する

イラストAの「磁場の輪」と「電場の輪」の方向は，90度ずれています。電磁波における電場と磁場は，直交するのです。

イラストBは，Z軸上を進む，ある特定の波長をもつ電磁波を，イラストAとは別の形であらわしたものです。イラストAは，ある程度，空間的な広がりをもった電磁波のイメージです。一方イラストBは，Z軸上のみを進んでいる電磁波です。矢印は，Z軸上の各点での，電場と磁場の向きと大きさをあらわしています。このイラストでも，電場と磁場は直交しています。

注：変動する電流とは，一定の時間で大きさと向きが変化する「交流電流」や，瞬間的に電流が流れてすぐに消える「放電」などのことです。一定の電流では，電磁波は発生しません。また，一度発生した電磁波は，源の電流がなくなっても進みつづけます。

## 電磁波の発生

電場と磁場の連鎖的な発生（A）と，Z軸上を進む電磁波（B）をえがきました。

A. 電場と磁場の連鎖的な発生（電磁波＝光）

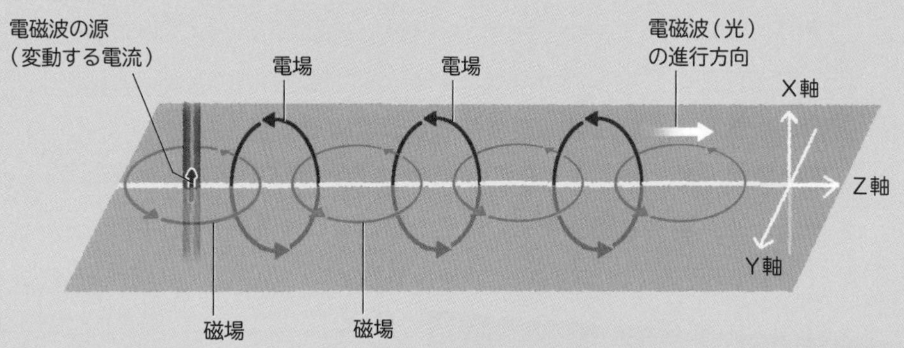


B. Z軸上を進む電磁波

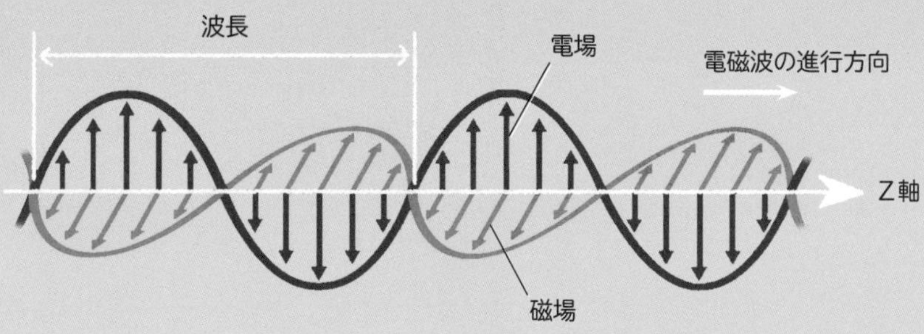


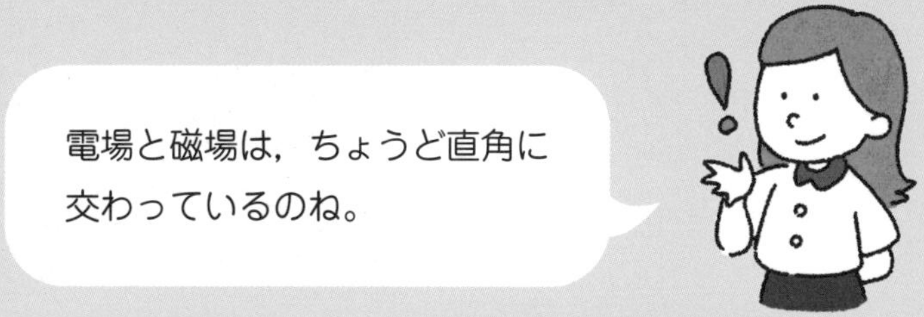

— 光は波 —

# 9 電磁波は，波長が短いほど振動数が多い

## 1波長の中で，1回振動する

下のイラストは，Z軸上を進む電磁波です。80ページでみたように，電磁波には，電波，赤外線，可視光線，紫外線，X線，ガンマ線があります。これらは，波長がちがう電磁波です。

**電磁波の1波長の中で，電場の矢印は1回，上下に振動します。**また電磁波は，波長に関係なく，真空中では同じ秒速約30万キロメー

### Z軸上を進む電磁波

波長は，山（波の最も高い場所）と山の間の長さ，または谷（波の最も低い場所）と谷の間の長さのことです。電場と磁場の振動方向は，90度ずれます。このイラストでは，電場はX軸方向に，磁場はY軸方向に振動しています。

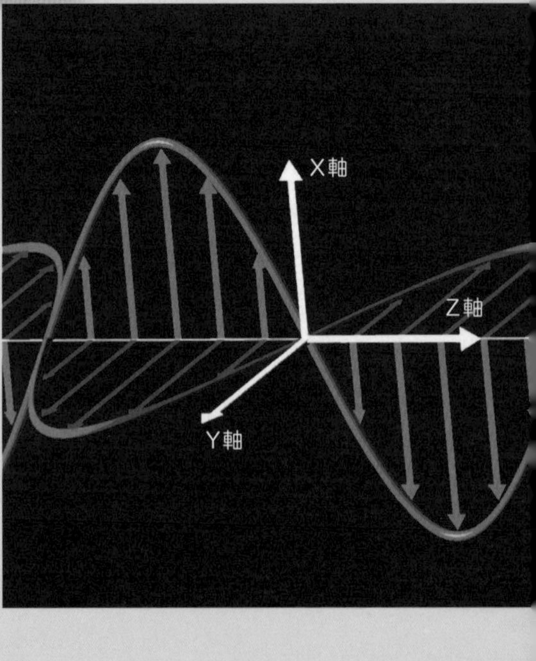

トルで進んでいきます。電磁波が通過するＺ軸上のある１点に着目すると，その点の電場は，電磁波の通過にともなって振動します。

同じように，電磁波の１波長の中で，磁場の矢印も１回，左右に振動します。

## 波長が短いほど，振動数は多くなる

１秒あたりの波の振動回数を，「振動数（または周波数）」といいます。**波長が短いほど振動数は多く（高く）なります。**つまり，波長の長い電波は，振動数の少ない（低い）電磁波であるともいえます。同じように，波長の短いガンマ線は，振動数の多い（高い）電磁波であるともいえるのです。

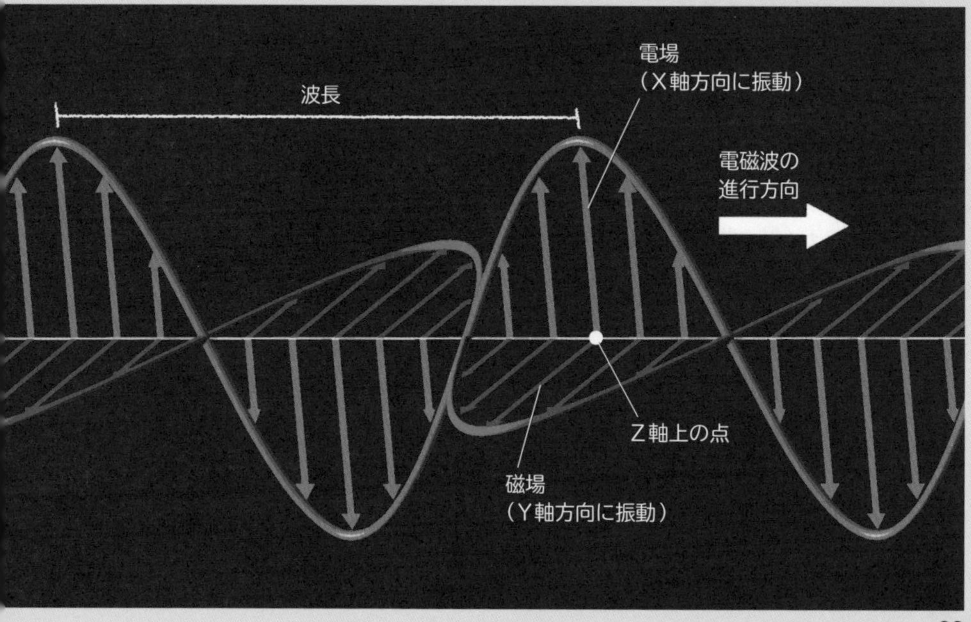

— 光は波 —

# 10 電磁波は，主に電子をゆり動かす

## 電波で，アンテナの中の電子が振動する

電磁波は，電場と磁場の振動です。**このため電磁波がやってくると，電子などの電気をおびた粒子は，電磁波の電場にゆり動かされます。**電波で，アンテナの中の電子が振動するのはその例です（右のイラストA）。

マイクロ波や赤外線は，物質の分子の中の電子に作用して，分子をゆり動かします（イラストB）。物質の温度とは，分子の動きのはげしさです。マイクロ波や赤外線を照射された物体が温まるのは，分子がゆり動かされるからなのです。

## エネルギーが物質に受け渡される

紫外線やX線やガンマ線は，分子の中の電子をはじき飛ばして，化学結合をこわしたり，原子をイオン化させたりします。たとえば，これらが細胞中の「DNA（デオキシリボ核酸）」に当たると，DNAは結合が切断されるなどして，傷ができてしまいます（イラストC）。

**電波からガンマ線まで，物質にあたえる影響は，一見ことなっているように思えます。しかしすべて，電子などをゆり動かしているのです。**電磁波が物質中の電子などをゆり動かす際には，電磁波の一部が物質に吸収され，エネルギーが物質に受け渡されます。

## 電磁波があたえる影響

電波で振動するアンテナの電子（A）と，マイクロ波や赤外線で振動する水分子（B）と，紫外線やX線やカンマ線で傷つくDNA（C）をえがきました。電磁波は，電場だけえがいています。

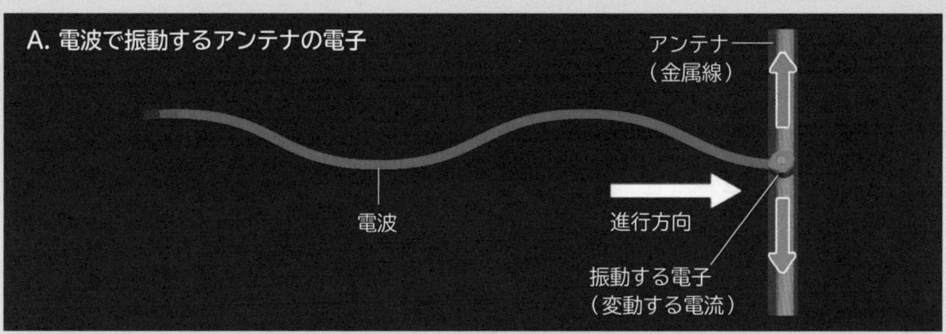


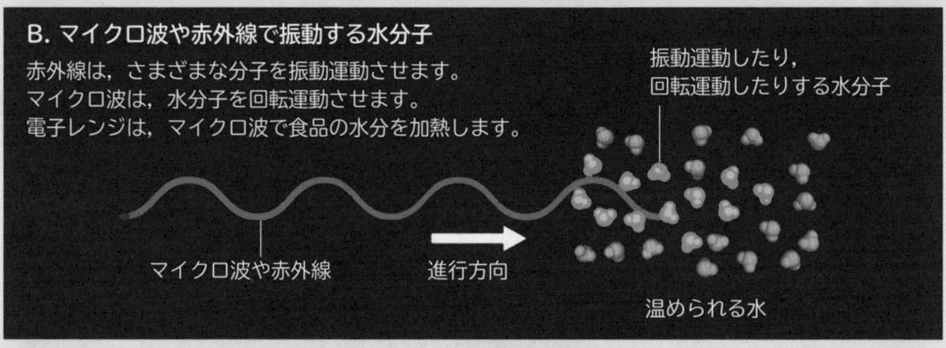


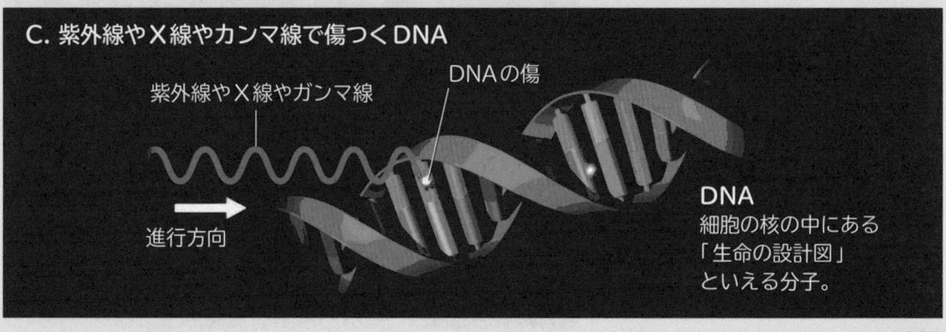

— 光子 —

# 11 しかし光は，単純な波ではない！

## 単純な波と考えると，説明がつかない現象

ここまで，「光は波」と紹介してきました。**しかし，光を単純な波と考えると，説明がつかない現象もあります。その一つが，「光《こう》電効果《でんこうか》」です。**

光電効果とは，金属に光（電磁波）を照射すると，光のエネルギーを受け取った電子が，金属から飛びだしてくる現象です。

### 光電効果の実験

光電効果の実験をえがきました。Aは波長の長い光を照射した場合，Bは波長の短い光を照射した場合です。

A. 波長の長い光を照射した場合

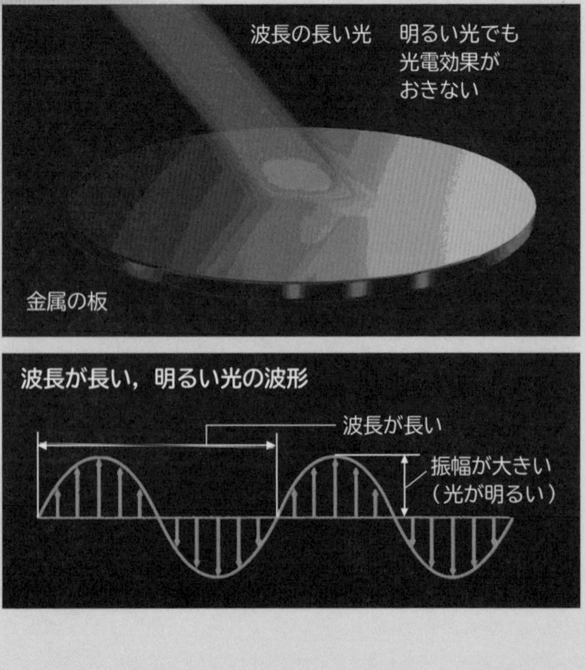

## 暗い光でも，波長が短ければ，電子が飛びだす

光電効果には不思議な性質があります。波長の長い光をいくら明るく（強く）しても電子は飛びださないのに，波長の短い光ならごく暗い（弱い）光でも電子が飛びだすのです（下のイラスト）。

光が明るいということは，電磁波の振幅が大きいということです。つまり，電磁波の電場の矢印が長く，金属中の電子は大きく動かされるはずです。逆に，光が暗いということは，電磁波の電場の矢印が短く，電子はあまり動かされないはずです。**ところが光電効果では，波長が短ければ，暗い光でも電子が大きく動かされ，金属から飛びだしてくるのです。**光を単純な波と考えると，説明がつきません。

B. 波長の短い光を照射した場合

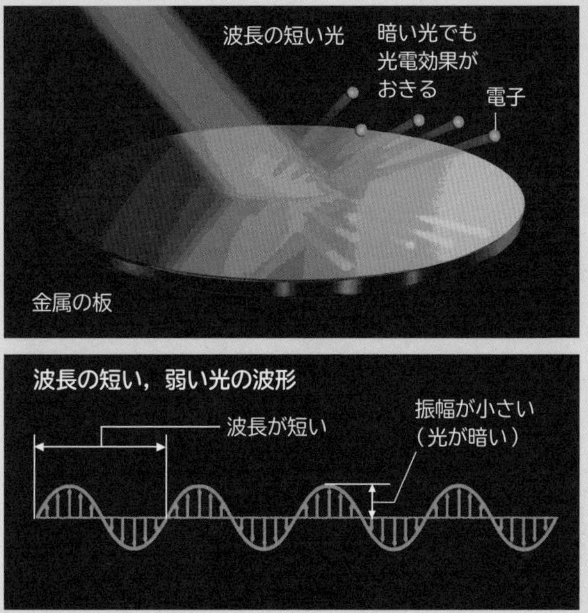

— 光子 —

# 12 光には，エネルギーの最小単位がある

## 電磁波には，エネルギーの最小単位がある

光電効果の難問に答えを出したのは，ドイツ生まれの物理学者のアルベルト・アインシュタイン（1879 ～ 1955）です。**アインシュタインは，電磁波は「エネルギーのかたまり」として，進むのだと考えました。電磁波には，それ以上分けることのできない「エネルギーの最小単位」があるのです。**これを「光子《こうし》（または光量子《こうりょうし》）」と

## 光子でみた光電効果の実験

光子でみた光電効果の実験をえがきました。Aは波長の長い光を照射した場合，Bは波長の長い光を照射した場合です。

A. 波長の長い光を照射した場合

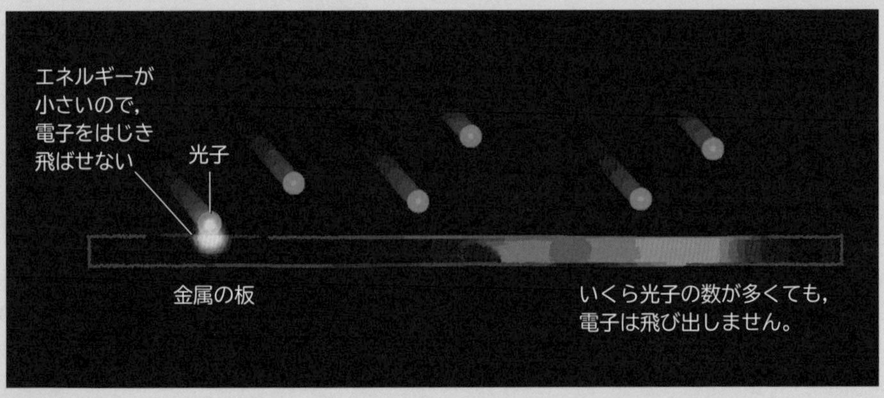

よびます。波長が短い電磁波の光子は，振動数が高いので，電子をすばやくゆり動かすことができます。つまり，波長の短い電磁波の光子は，エネルギーが大きいことになります。

## 波長の短い光の光子は，エネルギーが大きい

光を光子で考える場合，光が明るいというのは，光子の数が多いことを意味します。一つの電子とぶつかるのは，通常，光子一つです。そのため波長の長い光は，どんなに明るくして光子の数を多くしても，光子一つがもつエネルギーが小さいので，電子を金属から飛びださせることはできません。**一方，波長の短い光の光子は，エネルギーが大きいので，電子をはじき飛ばせるのです。**

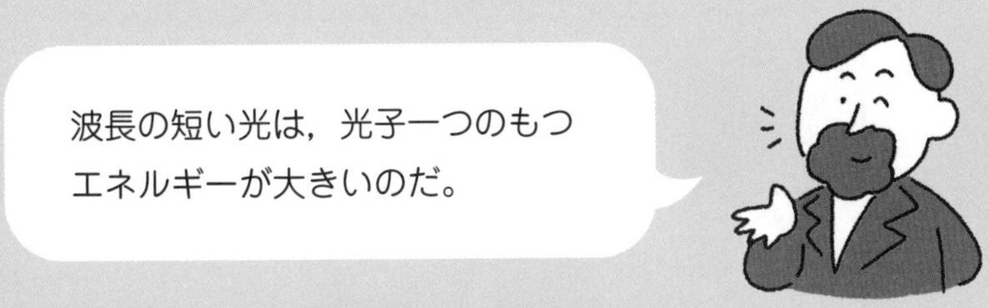


B. 波長の短い光を照射した場合

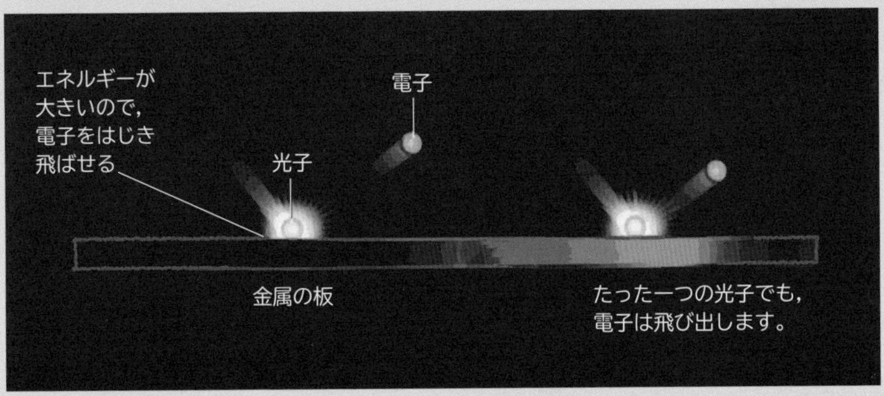

## 変わり者，マクスウェル

電磁気学の創始者
である
イギリスの物理学者
ジェームズ・
マクスウェル
（1642～1727）
幼少期は
川や森での遊びに
夢中だったという
10歳で入学した
首都エジンバラにある
学校では
田舎っぽい服装や
なまりでからかわれ
「変人」などと
よばれていた
勉強の成績も
パッとせず
休み時間には
1人でぼんやりと
詩を読んだり
していた
ところが，14歳のころには
自作の詩が
地元紙『エジンバラ通信』に
掲載されたり
図形に関する
論文が認められて
王立協会で発表したりと
早熟な才能を見せた

孤独な少年が幸せな大人に
孤独な少年時代を送ったマクスウェルは
人に対して本当にやさしかった
体が弱かった妻のキャサリンが病気になると
仕事もこなしつつ3週間も不眠不休で看病した
1865年に大学を退職してグレンレアという村に住んでからも
村で病気をした人がいれば本を読んだり祈ったりしてはげました
1879年、がんが悪化してマクスウェルは48歳で亡くなる
晩年は多くの友人とともに幸せに過ごした

# 5. 光を放つ いろいろなもの

第4章で，光の正体は電磁波だと紹介しました。それでは，光を放つものは，どのようなしくみで光を放っているのでしょうか。第5章では，光を放ついろいろなものをみていきましょう。

— 光の発生 —

# 1 どんな物だって，光を放っている！

## あらゆる物体は，赤外線を放出している

赤外線が物体に当たると，物体を構成する分子がゆり動かされて温められることを，100ページで紹介しました。この逆の過程も存在します。**なんとあらゆる物体は，その温度に応じた量の，赤外線を放出しているのです。**たとえば，赤外線ストーブは，ヒーターに電流が流れて高温になっており，赤外線を強く放出しています。また，私たちの体も，赤外線を放出しています（右のイラスト）。

## 高温になるほど，可視光線がふえる

では，もっと高温の物体ではどうでしょうか。**製鉄所の溶鉱炉や陶芸用の窯の中は，非常に高温で明るく光っています。ここまで高温になると，物体は赤外線よりも波長の短い可視光線も，わずかながら放出するのです。**高温になるほど可視光線がふえるので，温度に応じて色は変わります。600℃程度なら明るい赤色，800℃程度なら橙色，1000℃程度なら黄色，1300℃以上なら白色に見えます。

白熱電球も，フィラメントが高温になることで，可視光線を発します。フィラメントは，2000～3000℃程度にも達するのです。

## 物体が放出する光

人体のサーモグラフィー画像（A），製鉄のイメージ（B），白熱電球（C）をえがきました。物体は，温度に応じた波長の電磁波を放出します。

### A. 人体のサーモグラフィー画像

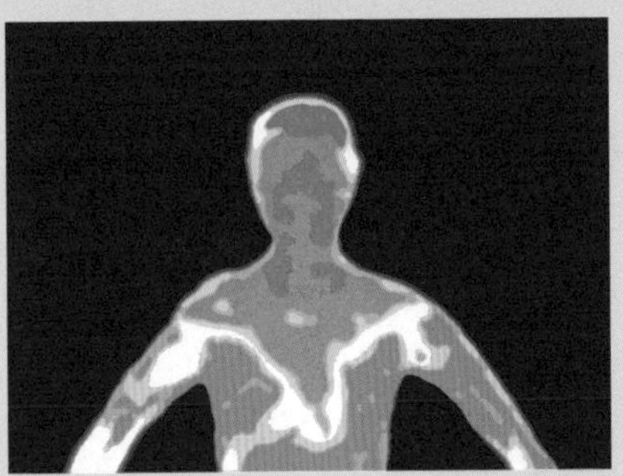

サーモグラフィーは，物体が放出する赤外線を感知し，温度を目に見えるようにする装置です。イラストでは，オレンジ色の部分ほど，高温の領域です。

### B. 製鉄のイメージ

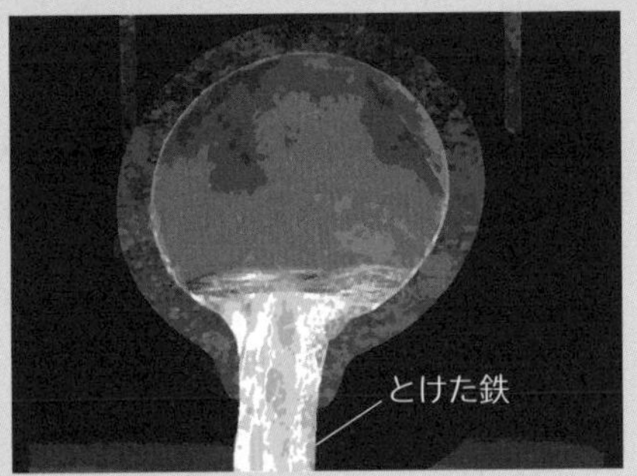


製鉄の過程では，高温になってとけた鉄が，明るく光ります。赤外線よりも波長の短い可視光線も，放出します。

### C. 白熱電球

白熱電球のフィラメントは，高温になることで可視光線を放出します。

— 光の発生 —

# 2 星の色がちがうのは，温度がちがうから

## 温度が高いほど，波長の短い電磁波を放射

前ページでのべたように，あらゆる物体は，その温度に応じた波長の電磁波を放出しています。これを，「熱放射」とよびます。**一般的には，物体の温度が高いほど，波長の短い電磁波が多く放射されるようになっていきます。**右の表を見ると，身のまわりのほとんどの物体の温度は，主に赤外線を放出する温度領域に入っていることがわかります。

## 恒星の色は，表面温度で決まる

一方，宇宙には，「恒星」などの高温の物体がたくさんあります。恒星とは，太陽のような，みずから輝く星のことです。恒星は，星の中心部で核融合反応をおこして，高温になっています。そして星の表面からは，熱放射によって，可視光線を放出しています。

恒星の色は，表面温度で決まります。表面温度が3300℃程度の星は赤く見え，6300℃程度の星は黄色に見えます。表面温度が1万℃をこえている恒星は，白から青に見えます。**表面温度が高くなるほど，熱放射によって，波長の短い可視光線が多く放出されるようになります。**そのため，このような色のちがいがあらわれるのです。

# 恒星の色と温度

バーナード星とリゲル，太陽をえがきました。表面温度3400℃程度のバーナード星は赤色に，表面温度が1万℃をこえるリゲルは青白く，表面温度6000℃程度の太陽は黄色に見えます。

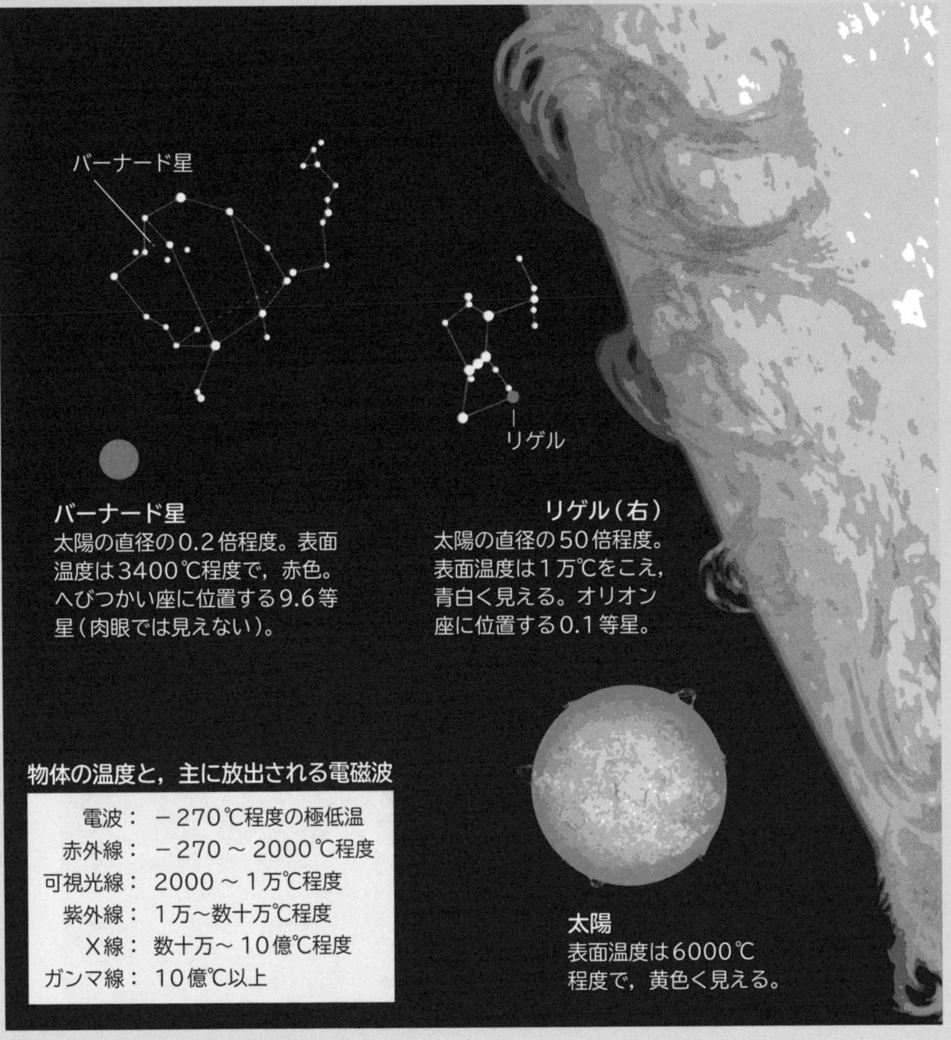


**バーナード星**
太陽の直径の0.2倍程度。表面温度は3400℃程度で，赤色。へびつかい座に位置する9.6等星(肉眼では見えない)。

**リゲル(右)**
太陽の直径の50倍程度。表面温度は1万℃をこえ，青白く見える。オリオン座に位置する0.1等星。

**太陽**
表面温度は6000℃程度で，黄色く見える。

**物体の温度と，主に放出される電磁波**

| | |
|---|---|
| 電波： | －270℃程度の極低温 |
| 赤外線： | －270～2000℃程度 |
| 可視光線： | 2000～1万℃程度 |
| 紫外線： | 1万～数十万℃程度 |
| X線： | 数十万～10億℃程度 |
| ガンマ線： | 10億℃以上 |

— 光の発生 —

# 3 花火の色は，燃える火薬の元素がつくる

## 金属原子が，特有の色の光を放つ

物体が電磁波を放出するしくみは，110～113ページで紹介した熱放射だけではありません。

**たとえば，花火の色あざやかな色彩は，「炎色反応」によって実現しています。炎色反応とは，高温の物質に含まれる金属原子が，その元素に特有の色の光を放つ現象です。**原子は，エネルギーを受

### 炎色反応

電磁波を放出する高温物質の原子（A）と，炎色反応で輝く花火（B）をえがきました。

A. 電磁波を放出する高温物質の原子

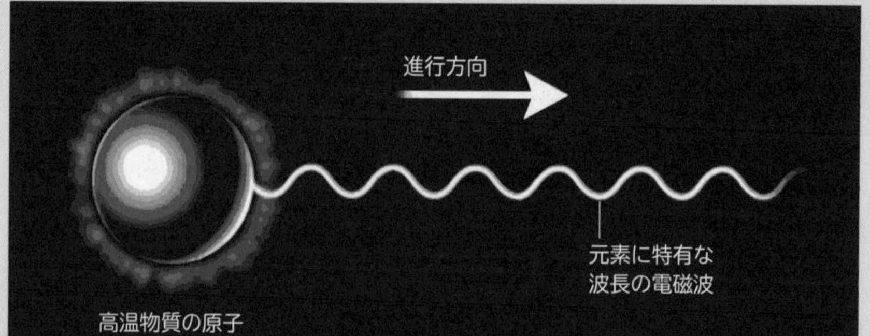


注：原子が放出する電磁波のうち，金属原子が放出する可視光線が，炎色反応で見られる光です。

け取ると，一時的に不安定な状態になります。そして不安定な状態から安定な状態にもどるときに，その元素に特有の波長の電磁波を放出するのです。

## 花火に含まれる，ストロンチウムやカルシウム

**炎色反応をおこす金属原子には，さまざまなものがあります。**たとえば，リチウム（赤色），ストロンチウム（赤色），カルシウム（橙色），ナトリウム（黄色），バリウム（緑色），銅（青緑色），カリウム（紫色）などです。そのうち花火の火薬に含まれるのは，ストロンチウムやカルシウム，ナトリウム，バリウム，銅などの金属原子です。美しい花火の色は，金属原子が放つ光なのです。

B. 炎色反応で輝く花火

— 光の発生 —

# 4 星からくる光で，星の元素がわかる

## 太陽光のスペクトルには，暗い線がある

**原子は，その元素に特有の波長の電磁波を吸収します。**ある元素が吸収する電磁波は，その元素が高温の物質に含まれるときに放出する電磁波と，同じ波長の電磁波です。

太陽光のスペクトルを細かく見ると，複数の暗い線（暗線）があります。暗線の光は，太陽光が地表に届くまでの間に，太陽や地球

## 原子による電磁波の吸収

電磁波を吸収する原子（A）と，原子に吸収される太陽の光（B）をえがきました。

A. 電磁波を吸収する原子

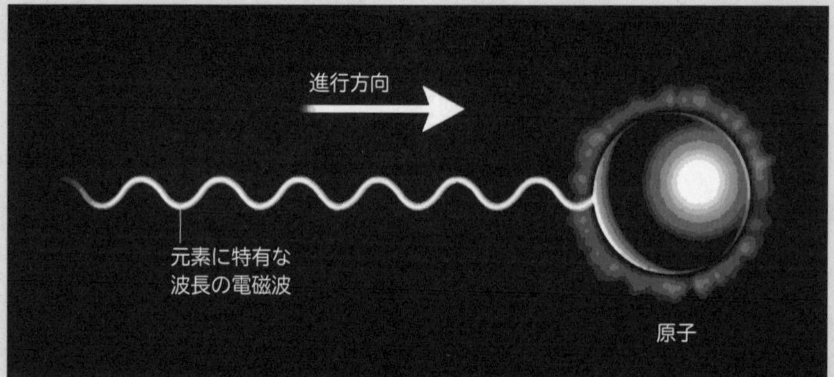

の大気に含まれる原子に，吸収されてしまったのです。

## 太陽に，どのような元素があるかわかる

**ある元素が放出，吸収する電磁波の波長は，地球上であろうと太陽であろうといっしょです。それは光のスペクトルで，輝線と暗線となってあらわれます。**つまり，太陽光のスペクトルの輝線と暗線を分析すれば，直接行って調べることができない太陽に，どのような元素が存在するかがわかるのです。

それどころか，光の速さで何億年もかかる遠いかなたの天体であろうとも，その天体からの光のスペクトルを調べることができれば，その天体に含まれる元素の情報を得ることができるのです。

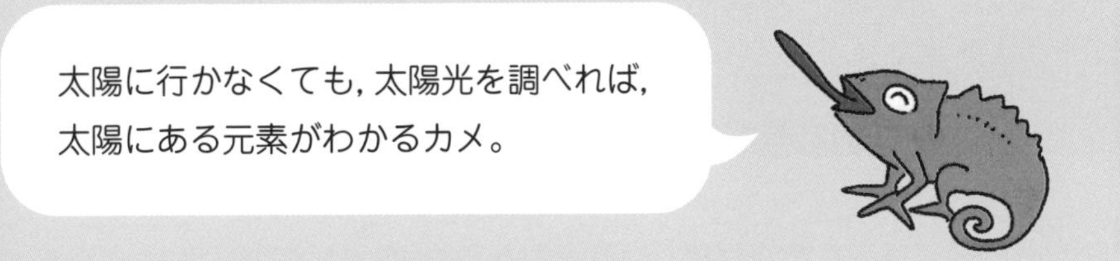


B. 原子に吸収される太陽の光

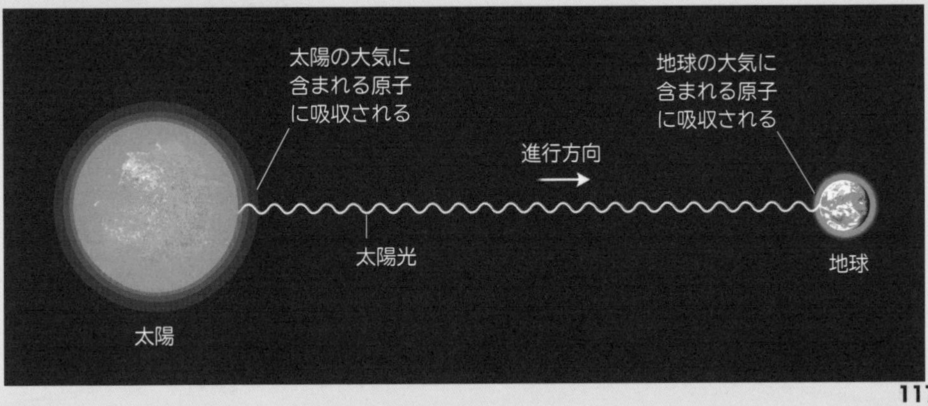

# ヒカリゴケは光らない

「ヒカリゴケ」というめずらしいコケがあるのを，ご存じですか。**ヒカリゴケは，大木の根元や洞穴などの薄暗いところに生えていて，黄緑色に光って見えるコケです。**

ところがヒカリゴケは，ヒカリゴケという名前にもかかわらず，自ら光っていません！　ヒカリゴケは，胞子が発芽してできる「原糸体」とよばれる成長段階のときに，細胞が球形をしています。球形の細胞は，差しこむ光をレンズのように葉緑体に集めて，葉緑体に吸収されなかった光をふたたび外に出します。この光が，黄緑色の光の正体です。**つまりヒカリゴケの光は，反射した光なのです。**

ヒカリゴケは，光を葉緑体に集めることで，光合成を効率よく行っていると考えられています。ただそれは，原糸体のうちだけです。**成長したヒカリゴケは，細胞が球形をしていないため，光を集めることはなく，光って見えることもありません。**なんとも不思議なコケですね。

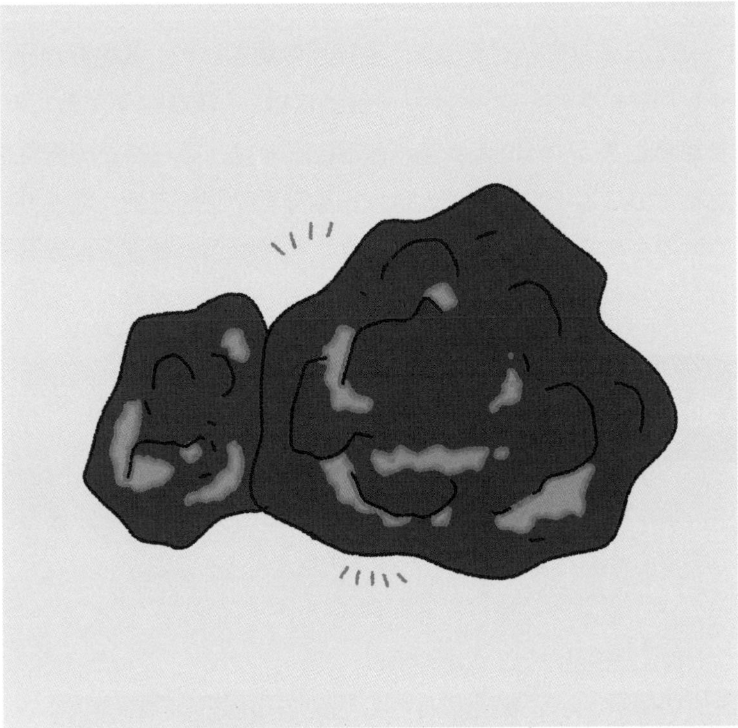

ヒカリゴケは，日本の環境省のレッドリストで，「準絶滅危惧種」に指定されています。また，多くの生育地は天然記念物に指定されており，採取は規制されています。見かけても，そっとしておきましょう。

— 光の発生 —

# 5 電子が動く，すると光が発生！

## はげしい動きで，振動数の多い電磁波が発生

94～97ページでみたように，電流が変動すると，電磁波が発生します（下のイラストA）。より一般的には，「荷電粒子が動くと，電磁波が発生する」といえます。荷電粒子とは，電子などの電気をおびた粒子のことです。動くとは，振動運動や回転運動，電子が原子内で軌道を移ることなどを指します。**電子などの動きをはげしく**

### 電子の動きと電磁波の発生

変動する電流による電磁波の発生（A）と，原子や分子の運動による電磁波の発生（B）をえがきました。

A. 変動する電流による，電磁波の発生

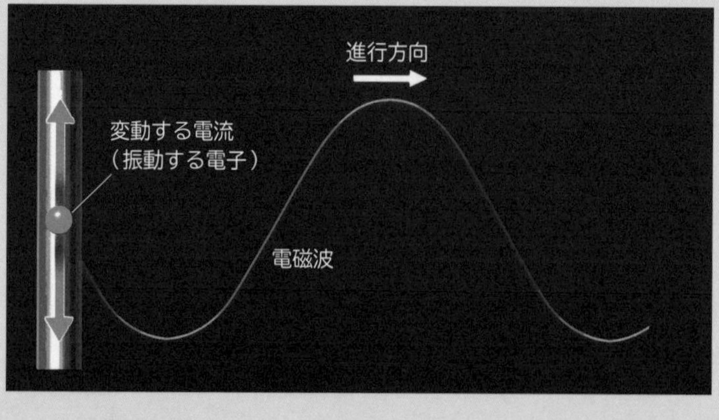

**すれば，振動数の多い電磁波が発生します。逆に，振動数が多い電磁波ほど，電子などをはげしく動かします。**

## 温度が高い物体ほど，電子がはげしく動く

112ページでは，温度が高い物体ほど，熱放射によって，波長の短い電磁波を放出することを紹介しました。温度とは，原子や分子の運動のはげしさのことです。温度が高い物体ほど，原子や分子は，はげしく振動したり回転したりしています（イラストB）。原子や分子の運動は，原子や分子に含まれる電子などの荷電粒子が動いているともいえます。**つまり，温度が高い物体ほど，電子などがはげしく動いて，振動数の多い（波長の短い）電磁波を放出するのです。**

B. 原子や分子の運動による，電磁波の発生（熱放射）

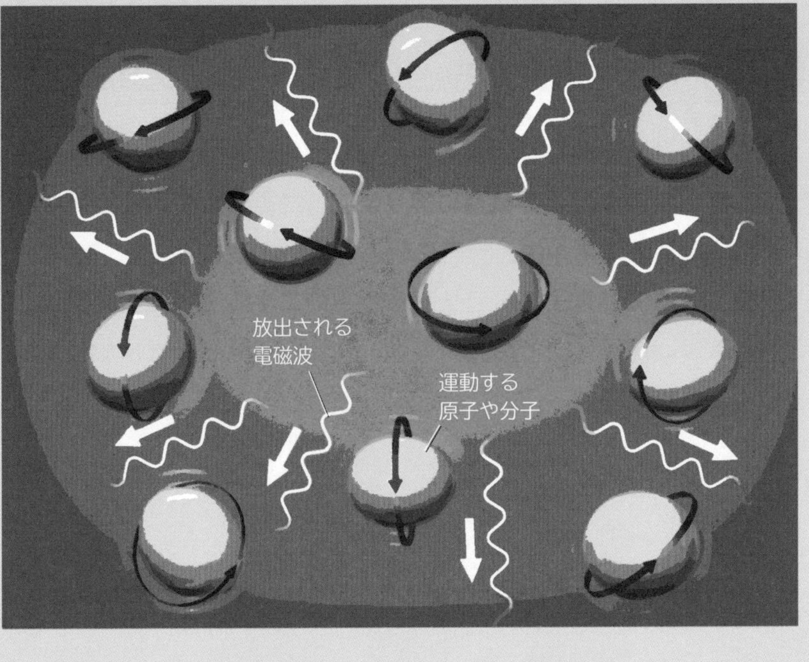

— 光の発生 —

# 6 電子が軌道を移る，すると光が発生！

## 遠い軌道の電子ほど，大きなエネルギーをもつ

114～117ページでは，原子が電磁波を放出したり吸収したりすることを紹介しました。ここでは，そのしくみをみてみましょう。

原子の原子核はプラスの電気を帯びているので，マイナスの電気を帯びている電子は，原子核から電気的な引力を受けます。そのため，原子核から遠い軌道にいる電子ほど，大きなエネルギーをもちます。**原子核から遠い軌道にいる電子が，原子核に近い軌道に移ると，電子のエネルギーが減少して，その減少分のエネルギーが放出されます。このエネルギーの放出が，電磁波の放出です。**

## 元素によって，エネルギーの変化量はことなる

**逆に電子が電磁波を吸収すると，電子は電磁波のエネルギーを使って，下の軌道から上の軌道に移ります。このとき，電子が吸収するのは，軌道のエネルギーの差に等しい電磁波です。**

元素によって，電子が軌道を移るときのエネルギーの変化量はことなります。原子が，その元素に特有の波長の電磁波を放出したり吸収したりするのは，このためなのです。

注：電子の軌道や，原子からの電磁波の放出は，厳密にはミクロな世界の理論である「量子論」で考える必要があります。ここでは，簡略化して紹介しました。

## 原子と電磁波の放出，吸収

原子による，電磁波の放出と吸収のしくみをえがきました。
Aは，電磁波を放出した電子が，近い軌道に移るようすです。
Bは，電磁波を吸収した電子が，遠い軌道に移るようすです。

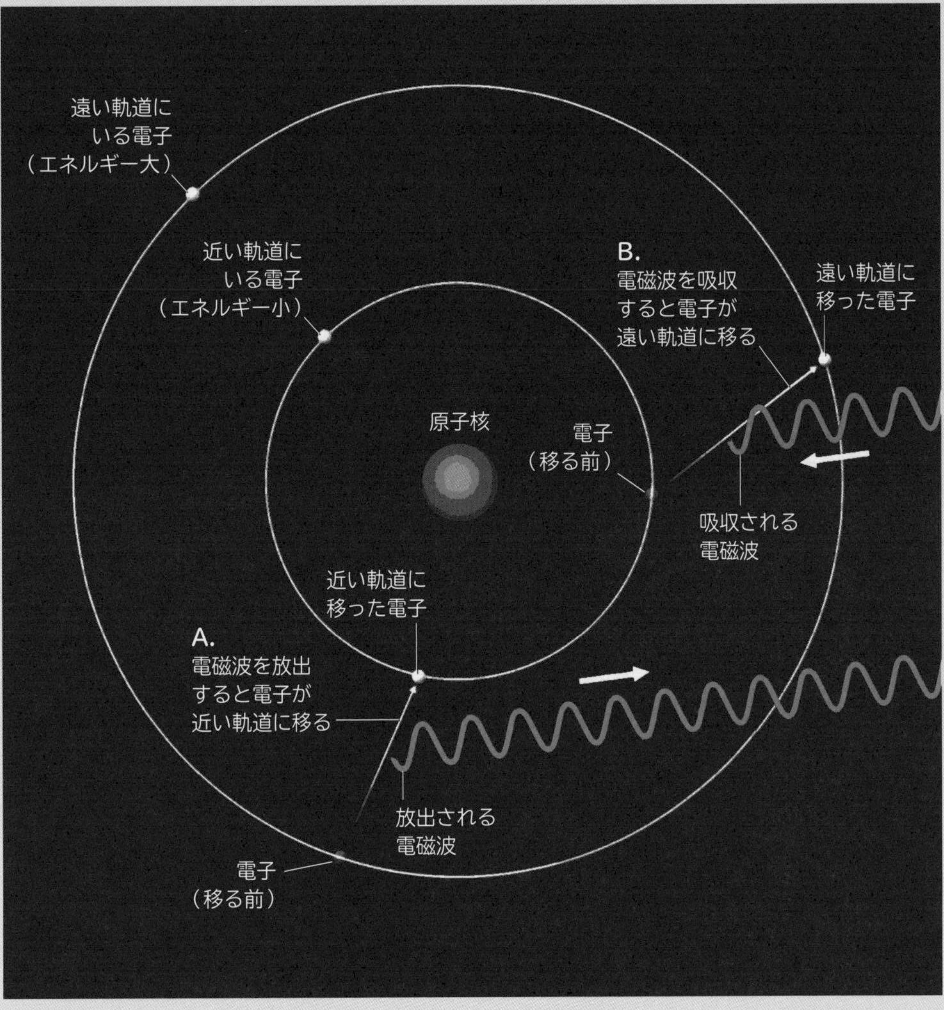

# 7 オーロラは，大気中の原子が放つ光

## 太陽風の荷電粒子が，電子と衝突する

**元素が放つ特有の色の光は，極地方で見られるオーロラを生みだしています。**

太陽は，ガスを宇宙空間に放出しています。このガスは，電子や陽子などの荷電粒子からなる「プラズマ」（イオンと電子でできたガス）で，「太陽風」といいます。地球にやってきた太陽風の荷電粒子は，地磁気から力を受けて極地方に運ばれて，大気中の原子や分子（酸素や窒素など）の中の電子と衝突します。

## エネルギーの差に等しい電磁波が，放出される

太陽風の荷電粒子が衝突すると，大気中の原子や分子の中の電子は，エネルギーの高い軌道に跳ね上げられます。このときの原子や分子は，興奮状態（励起状態）になります。

しばらくすると，エネルギーの高い軌道にいる電子は，エネルギーの低い軌道に移ります。そして興奮状態だった原子や分子は，元の状態（基底状態）にもどります。**このとき，軌道のエネルギーの差に等しい電磁波が，放出されます。これがオーロラの光です。**オーロラは，原子や分子の種類によって，赤や緑などの色に輝くのです。

# オーロラの光

オーロラ（A）と，オーロラの発光のしくみ（B）をえがきました。オーロラの主な色のうち，赤色と緑色は酸素原子，ピンク色は窒素分子が放つ光です。

A. オーロラ

B. オーロラの発光のしくみ

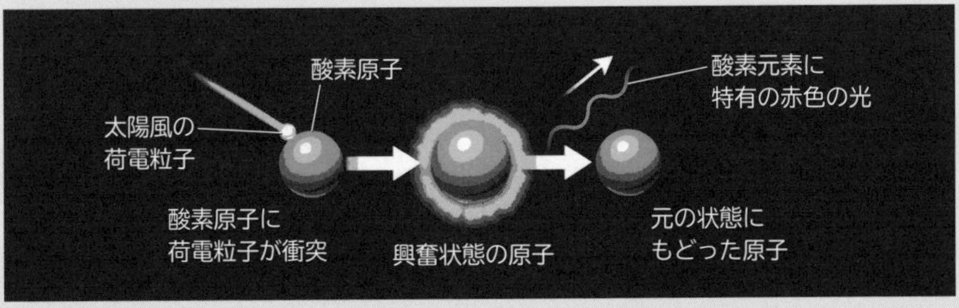

シリーズ第40弾!!

ニュートン式 超図解 最強にわかる!!

# 精神の病気
## 発達障害編

2021年11月下旬発売予定　A5判・128ページ　990円（税込）

最近，「発達障害」という言葉をよく聞くようになりました。自分が発達障害であることを公表する有名人がいたり，発達障害を題材にしたテレビドラマが放送されたりもしています。テレビを見て，自分や家族が発達障害かもしれないと思った人も，いるのではないでしょうか。

発達障害とは，生まれつき脳の発達が通常とことなることで，生活に支障をきたしてしまう場合があることをいいます。子供のころは何の問題もなく過ごしていた人でも，社会人になってから，職場の人の意図をくみ取ることができないなど，問題が表面化することがあります。

本書では，発達障害について，”最強に”わかりやすく紹介します。ぜひご期待ください！

## 主な内容

### 発達障害とは，何だろうか

発達障害の原因は，脳の発達のかたより
大人になってから，表面化することもある

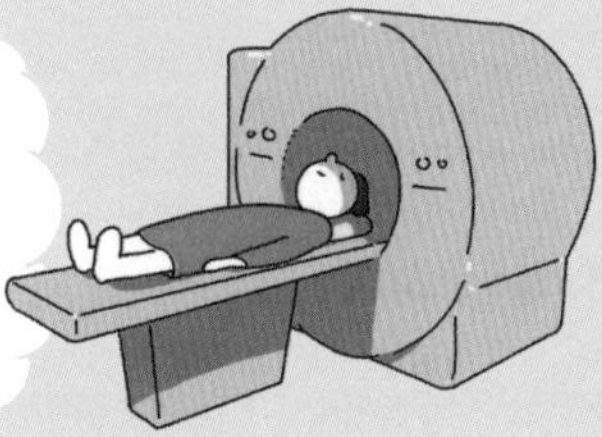

### 自閉症スペクトラム障害（ASD）

対人関係が苦手で，何かに強くこだわる
相手の反応を判断する脳のはたらきが弱い

### 注意欠如・多動性障害（ADHD）

不注意だったり，落ち着きがなかったりする
脳で情報を伝える物質が，うまくはたらかない

### 学習障害（LD）

算数の障害を判断する，四つの基準がある
長所を使った教え方をすることが重要！

### 発達障害の人の対処法

まずは，自分の症状の特徴をよく知ろう
発達障害の人の対処法は，大きく分けて三つある

## Staff

Editorial Management　木村直之
Editorial Staff　井手 亮，安達はるか
Cover Design　田久保純子
Editorial Cooperation　株式会社 キャデック（高宮宏之）

## Photograph

59　【鱗粉の断面】S. Kinoshita, et al, Forma, 17, 103-121, 2002
（写真提供：兵庫県立大学名誉教授 松井真二）

## Illustration

表紙カバー　羽田野乃花
表紙　羽田野乃花
3～25　羽田野乃花
27　富﨑NORIさんのイラストを元に
羽田野乃花が作成
29～57　羽田野乃花
59　【蝶】羽田野乃花
60～113　羽田野乃花
114～117　小林稔さんのイラストを元に
羽田野乃花が作成
119～123　羽田野乃花
125　小林稔さんのイラストを元に
羽田野乃花が作成

監修（敬称略）：
江馬一弘（上智大学理工学部教授）

本書は主に，Newton 別冊『改訂版 光とは何か？』の一部記事を抜粋し，
大幅に加筆・再編集したものです。

初出記事へのご協力者（敬称略）：
江馬一弘（上智大学理工学部教授）

ニュートン式
超図解 最強に面白い!!
光

2021年12月15日発行

発行人　高森康雄
編集人　木村直之
発行所　株式会社 ニュートンプレス　〒112-0012 東京都文京区大塚3-11-6
https://www.newtonpress.co.jp/


ISBN978-4-315-52479-6